U0226113

The Secret Science
of Baby

The Surprising Physics of Creating a Human,
from Conception to Birth—and Beyond

"造人"
硬核指南

（Michael Banks）

［英］迈克尔·班克斯————著

李存璞————译

中信出版集团｜北京

图书在版编目（CIP）数据

"造人"硬核指南 /（英）迈克尔·班克斯著；李存璞译. -- 北京：中信出版社，2024.12. --ISBN 978-7-5217-6980-7

I. Q6-49

中国国家版本馆CIP数据核字第 2024N3Y077 号

"造人"硬核指南

著者： ［英］迈克尔·班克斯

译者： 李存璞

出版发行： 中信出版集团股份有限公司

（北京市朝阳区东三环北路 27 号嘉铭中心　邮编　100020）

承印者： 三河市中晟雅豪印务有限公司

开本：787mm×1092mm　1/32	印张：10　　　　字数：200 千字
版次：2024 年 12 月第 1 版	印次：2024 年 12 月第 1 次印刷
京权图字：01-2024-1684	书号：ISBN 978-7-5217-6980-7

定价：69.00 元

致克莱尔、亨利和埃利奥特

目录

"我从哪里来？"这应该是每个人都问过，甚至在人生不同阶段问过不止一次的问题，是每个学科都在研究的课题，也是永远找不到终极答案却又令人忍不住不断探索的领域。生而为人，虽然有太多不能选择的方方面面，但我们还是锲而不舍地上下求索生命的起源。这是为了满足自己的好奇心，从历史、生理、化学等各个方面去了解自身和自己的归属；更是为了勾勒出生命完整的模样，以便为未来和新生做好准备。我们读过的故事从女娲造人开始，到亚里士多德、达尔文、孟德尔、克里克取得的科学发现……一个接一个的"怎么会"，在我们面前展开无限的广度和深度。而这本书的作者迈克尔·班克斯，一名磁学博士、一个父亲，试图从物理学视角探索从受孕到分娩再到婴儿成长的一系列复杂过程，为我们了解生命奥秘增添一些知识和趣味，也为回答这个错综复杂的问题补上几块拼图。

《"造人"硬核指南》这本书逻辑清晰，从受孕到婴儿期，按时间顺序讲述了不同阶段的物理学发现史、原理和应用，其中还穿插了几项获得搞笑诺贝尔奖的研究——这可是个正经奖项，能获奖的是真正有科学意义的研究成果。国内有类似的"菠萝科学奖"，后来被纳入世界青年科学家峰会的"科学之夜"版块，旨在"向好奇心致敬"。

书中首先探讨了受孕过程中的物理学，包括精子的运动机制和卵子受精的过程。作者向我们详细描述了精子如何通过女性生殖道游向卵子，以及这一过程涉及的流体动力学原理。接着，书中讨论了胚胎发育的生物数学，试图用图灵模式解释胚胎如何制订身体计划，比如：为什么我们身体的两边各有 5 根手指。讨论分娩时，作者将重点放在了宫缩的生物力学上，探讨了子宫中的肌肉细胞如何产生强烈的收缩以推动胎儿通过产道，并揭示了多种科学研究如何努力让分娩过程更安全、更轻松、更适用于母亲天生不同的解剖结构差异，同时探讨了几种可能的难产模式。在关于哺乳的章节，我们了解了婴儿的吸吮反射，婴儿不需要任何学习，就可以用上颌、下颌和舌头组成最灵巧又有效的吸奶器，获得让自己活下去的能量来源。这种吸奶技术，人类科技至今无法望其项背；在母乳成分方面也是同样，每当全世界的奶粉厂商复现了母乳中任何一种成分的功效，他们都会欣喜若狂地投放大量广告吹嘘，但相较于母乳就是"一直在追赶，始终追不上"。基于作者的父亲身份，书中对婴儿的早期发育也给予了特别关注，包括孩子的哭泣和睡眠模式、运动发展和语言能力。作者介绍了关于婴儿猝死综合征的数学模型，以科学家和父亲的双重身份描述了大哭着不睡觉的孩子是多么折磨人又多么让人理解。即便是对自己的孩子，我们在充满爱和关怀的同时，也会有不解、好奇、无奈等种种情绪。而这本书能让我们解开疑惑，获得支持，坚定内心。

作为本书的早期读者之一，我，一名中国顶级医学院毕业的妇产科临床医学博士、两个孩子的妈妈、多年的科普写作者，本以为在一本关于"造人"的书里不会看到多少新意（请原谅我的傲慢）。用核磁技术来研究交合、用显微镜来研究精子、用流体力学来解释精子游向卵子的过程、用宫颈黏液来参考易孕期、用多普勒效应来检查胎儿，这些知识……呃，还好吧……我太熟悉了。然后，我就读到了一段让我迫不及待想分享给你的内容："谢谢你关于某女士妊娠试验的报告。你可能会感兴趣的是，一位有多年经验的全科医生、一位妇科专家和一只非洲爪蟾，只有非洲爪蟾的判断是正确的。"你可以在本书第4章里找到这段话，相信我，你也会乐不可支（让我们谢谢非洲爪蟾）。另一个让我想摘录的部分是关于孕期女性的身体质心改变，包括脊柱弯曲、重心移动、平衡改变等。我本人曾经因为孕期跑步而在社交媒体上成为"孕期运动"相关话题的讨论焦点，现实生活中，许多怀孕女性也在保持"适量运动"这个健康习惯的同时有安全方面的困扰，而书里提供了科学的理论分析，让我们对这个特殊时期的身体更加了解，从而做出对自己更好、更合适的选择。

作者在书中巧妙地结合了历史案例、个人故事和现代研究，使得这本书既有科学的严谨性，又富有人文关怀。书中的内容不仅增进了我们对生命早期阶段的理解，也为未来的研究提供了新的方向，尤其是在改善孕产妇健康、提高婴儿生存率和促进儿童发展方面。这些内容不仅对科学家和医学专业人士具有启发性，对于广大对生命科学感兴趣的读者，也具有吸引力。准备怀孕的女性可以在阅读这本书的过程中明白许多原理，从而缓解焦虑情绪，更好地去应对；男性同样可以了解这个过程，了解自己的孩子——书中甚至解释了为什么父亲对孩子的哭声总是不如母亲敏感。就算读者目前并没有生育的打算，我们也同样可以回到本文开头的那个问题：我从哪里来？这本书的每一页，都在以我们可以在脑海中图像化的方式，试图解答这个问题。我们在阅读过程中，甚至会在眼前浮现这样的过程：最初的两个细胞，如何从我们父母的体内分离、相拥、再分裂、一步步成长，直到成为今天手捧本书的这个个体。

总之，《"造人"硬核指南》是一部跨学科的科普著作，它以物理学为基础，探索了生命的奥秘，为读者提供了一个全新的视角来理解人类生命的起源和发展。这本书是对生命科学领域的一次深刻致敬，也是对未来科学探索的一次鼓舞。

让我们再次体会：生命如此神秘、复杂又精妙，我们仅仅是作为人的存在，就已经如此宝贵，值得花费那么多时间和精力来学习研究；而最初，不过是父亲和母亲，各输出了一个带有他们一半染色体的细胞。

没有什么过程比这更神奇。

没有什么过程比这更壮丽。

没有什么过程比这更伟大。

感谢自己的存在。

徐蕴芸

临床医学博士、北京协和医院原妇产科医生、科普作家

如果你拿起了这本书，很可能你已经有孩子，或者即将迎来一个新的生命。又或者，你可能只是对物理学如何与婴儿有关感到好奇。如果你正在期待新生儿的到来，那么恭喜你！你的生活现在（或很快）将永远改变：夜晚的睡眠被打断；晚上再也不能外出；去洗手间时得带着一个"观众"；在雨中把尖叫的孩子放进婴儿推车，希望他或她能睡觉。再次恭喜你！经历了血汗和眼泪之后，分娩是纯粹的喜悦时刻，也是你一生中可能只会经历一次或两次的事情。这是一块重要的里程碑，尤其是对那些已经等待多年甚至几十年的祖父母来说，终于可以第一次把自己手工编织的帽子戴在孙子/孙女头上了。

孕期也是准父母①被信息轰炸的时期：应该期待什么、不应该做什么，以及那个小小的胚胎是如何一周又一周地发育的（包括

---

① 为了便于阅读，我没有在全书中使用"父母和照看者"，而只使用了"父母"一词。在某些情况下，我也会使用"母亲"或"父亲"。当然，我承认有些同性伴侣可能会使用不同的术语。

用不同的水果作为长度单位的奇怪行为）。如果你阅读本书是为了寻找这样的信息，那么恐怕你在其他地方能找到更好的选择。这本书不会告诉你在孕期应该吃什么，也不会讲述如何让你的宝宝整夜睡觉的技巧；它也不会教你如何培养一个完美的小提琴手、一个会讲流利普通话的幼儿。这本书里也没有对最新的儿童心理学的研究，因为它们已经在其他书籍中被深入研究过了。

不同的是，这本书将从物理学的角度解释各种事情是如何发生的，以及背后的原因。例如，子宫中的细胞如何齐心协力地收缩，以推出一个 4 千克重的婴儿？是什么使得婴儿的哭声能如此有效地引起父母的注意？新生儿为什么能轻松地从乳房中吸取乳汁？这本书还将揭示关于受孕、怀孕和婴儿发育的许多方面的最新科学研究进展，同时也不会回避这些研究的局限性以及尚待探索的问题。这本书将详细介绍这些研究如何产生答案、新的见解，以及更多其他的相关问题。

这本书也强调了数十年来技术的发展如何反映了由好奇心驱动的物理研究的真正精神。我们将探索物理学家、工程师以及数学家开发的技术能为更好地理解人体（特别是婴儿的身体）做些什么。

当人们谈论物理学时，他们首先想到的可能是宇宙、量子力学或者寻找自然界的基本粒子。然而，物理学是一个涉及许多不同领域的学科，物理学家构建的许多工具——无论是使用磁共振成像（MRI）这类技术的仪器，还是理论模型——经常会被发现有着超出了直接预期范围的用途。例如，阿尔伯特·爱因斯坦在 20

世纪初提出的广义相对论，几十年后为全球定位系统（GPS）铺平了道路，使我们能够在全球任何地方以几米的精度进行定位。而20世纪20年代量子力学的发展则保证了无法被破解的通信，以及远胜于经典力学"对手"的计算能力。是的，即使涉及受孕、怀孕和婴儿，物理学也能提供许多洞见：从研究婴儿如何进行第一次呼吸、了解气体如何通过胎盘扩散，到理解婴儿如何习得语言背后的科学。

在关注物理学的同时，我们可能会涉足其他领域，如化学、数学、工程学，甚至神经科学。实际上，我们将看到，物理学的力量在于它跨学科的性质。然而，我希望能够展示事物是如何运作的，这是我作为准父母深入阅读孕育和养育书籍时并未接触到的视角，它可能会带来对于"如何能够创造另一个人"以及"我们的身体和婴儿为何以及如何能够做他们所做之事"更好的理解。

毕竟，婴儿宇宙是一个特殊的地方。

第 1 章

科学运动：在磁共振成像仪中"造人"

　　这是 1991 年的秋天，荷兰生理学家佩克·凡·安德尔正在参加于荷兰格罗宁根大学举行的一场关于医疗技术的学术会议。他走进大学，坐在一个不起眼的讲堂里期待着那天的众多演讲。一场又一场演讲过去了，然后有一场演讲引起了凡·安德尔的兴趣。在这场演讲中，演讲者播放了一个视频，其中展示了一位专业歌剧歌手大声唱出"啊"时，口腔和喉咙的内部工作情况。这些黑白动态影像显示了声道的情况，细节清晰且引人入胜，从解剖学方面展示了一位有才华的歌手的喉咙如何产生如此丰富的声音。那时在格罗宁根大学医院工作的凡·安德尔，被他那天所见到的美丽的"身体艺术"影像所深深震撼。

　　在会议的其余时间里，凡·安德尔的脑海中仍然回放着那段视频。就像任何优秀科学家会做的一样，他开始思考如何能将这种技术应用到自己的研究中。

他有一个想法。然而，这并非他所擅长的科学领域，因此还需要得到别人的帮助。他首先试图说服他的妻子。他的妻子虽然拒绝了，却提出可以跟她的朋友，也就是组织人类学家艾达·萨布林斯谈谈。对于这个提议，艾达·萨布林斯十分好奇并持开放的态度，她和她当时的男朋友（人们只知道他叫贾普）一起在医院与凡·安德尔及其同事会面并讨论这个实验。1992年的春天，这对情侣从阿姆斯特丹乘坐火车，花了3个小时来到格罗宁根。在对程序进行了详细说明后，所有的参与者都满意地接受了几个前提条件，比如说，扫描必须秘密进行，影片只能用于科学研究等。然后，他们确定了扫描的日期：1992年10月24日。

几个月过去了，距离扫描的日子越来越近，萨布林斯越来越忐忑不安，但还是想继续下去。"我现在很担心，担心事情会发生，担心后果会怎样，"萨布林斯后来说，"我的同事、朋友和家人会怎么说？"[1]尽管如此，在那个秋天，两人还是来到了医院。研究人员接待了他们，并很快把他们领进一个房间。鉴于机器内部空间狭小，凡·安德尔的想法将是一个挑战，但萨布林斯和她的搭档毫不气馁。他们听着研究人员介绍操作步骤，喝完咖啡，去了趟洗手间，回来后才脱掉衣服。然后，他们并肩躺在一张长方形的小桌上（宽度仅够容纳两个人），然后被轻轻地推入扫描仪的核心部位。经过一番摸索、变换姿势和窃笑之后，两人终于完成了扫描。

"勃起的部位已经完全显示出来，包括根部。"对讲机中响起的声音说。"现在躺下来，保持完全静止，扫描过程中要屏住呼吸。"机器发出急速运转时的"嗡嗡"声，然后又回到了"工作"状态。这场活动结束时，这对伴侣成为首对在磁共振成像设备中进行性行为的人。

至少，官方是这么认定的。

❀　❀　❀

在 1991 年那一天的会议上，凡·安德尔所见到的影像不像是用摄像机拍摄的典型影片，而是用一种名为磁共振成像的革命性新技术制作的。这项技术是 20 世纪七八十年代由包括英国物理学家彼得·曼斯菲尔德爵士在内的几个人开发的。因此，彼得·曼斯菲尔德爵士与美国化学家保罗·劳特布尔分享了 2003 年的诺贝尔生理学或医学奖。磁共振成像仪被用来安全地、无创地透视皮肤，看到皮肤下面的情况。磁共振成像仪曾经是、现在仍然是一种巨大的设备，因为它需要用到一块相当巨大的磁铁①。进行磁共振成像扫描时，病人静止地躺在磁铁形成的圆柱形孔洞内，这个孔洞的直径只有大约 40 厘米——对幽闭恐惧症患者来说并不舒服。然后，电磁线圈将扫描需要医疗关注的身体部位。

最初的磁共振成像仪中的一些磁铁由螺线管形状的巨大铜线圈制成，这样一来，当电流通过时，就可以产生一个静态磁场。产生更高的场强需要更大的电流，这会导致费用增加。一些现代

---

① 磁共振成像仪产生的磁场强度约为 1.5 特斯拉，约为地球产生的磁场强度的 3 万倍。

的磁共振成像仪使用超导磁铁，这些磁铁的特点是用铌钛合金这样的材料制成，当冷却至一定的低温时，可以实现零电阻导电。这意味着更高效，用更少的电能产生更强的磁场。缺点是这种超导磁铁通常需要用液氦冷却到大约零下240摄氏度，才能够实现零电阻。

磁共振成像仪中强力磁铁的作用将我们体内的质子（氢原子核）拉动到特定状态。我们的身体成分中大约60%是水，水分子由两个氢原子和一个氧原子组成。氢原子核是一个带有正电荷的质子，当强力磁铁产生的磁场开启时，这会拉动质子的"自旋"沿着施加的磁场方向排列——更强的磁场导致质子的自旋排列得更有序。一种可以类比的可视化方法是：想象地球在其轴上旋转，并伴随着一个指明了其自旋方向的箭头。当沿着地球表面施加指向北极的磁场时，质子的自旋将沿着那个方向排列。

在质子被拉向一个方向后，磁共振成像仪会向它们直接发送无线电波。这些无线电波被调谐到特定的频率，使得质子吸收特定量的能量。这改变了质子的自旋方向，使其偏离磁场方向。当无线电波关闭时，质子会"弛豫"——退化到能量更低的状态，它们弛豫的速度取决于身体不同部位分子的化学性质。这使得身体的不同组织中出现了信号差异，我们从而获得了身体不同部位的清晰图像。通过位于磁共振成像仪周围的梯度线圈接收这些弛豫信号，可以实现三维成像。尽管由于扫描时需要产生稳定的磁场以保证图像质量，磁共振成像仪的体积较大，但该技术不使用像X射线那样的电离辐射，这意味着三维成像是医学中一种强大的技术，可以用来发现癌组织和研究大脑。

　　看到歌剧歌手喉部的磁共振成像图像后，凡·安德尔的想法是利用这种技术首次创造出一对情侣性行为过程中的动态图像。这不仅仅是一个有趣的（或者说有点儿淘气）的业余项目，更是试图首次看到性交过程中内部发生的情况。毕竟，大约 500 年来，人们一直认为阴道就像一条直隧道，直立的阴茎在其中进出。也许关于这种几何形状的认知，最著名的例子是意大利多才多艺的画家列奥纳多·达·芬奇创作于约 1493 年的画作《交合》。[①]画中描绘了一名男性的直立阴茎斜着插入女性的阴道。快进到 20 世纪中叶，尽管科学家做出了各种努力——包括使用人造阴茎，但他们无法改善这种描述。直到凡·安德尔的工作和那天拍摄的"美丽"的磁共振成像图像出现。

　　在接受扫描的两人完成磁共振成像仪中的"表演"之后，包括萨布林斯在内的科研团队撰写了研究结果，并将相关科学论文投递给了《自然》期刊。这是世界上最古老、最负盛名的科学期刊之一。然而，该论文很快被拒稿，主要的理由是一个重大缺陷：只有一对夫妇的数据点。凡·安德尔和他的同事们回到了起点，开始招募更多的志愿者，以试图获取更一般性的观点，了解在性行为过程中到底发生了什么，同时也提高图像的质量。然而，找到

---

① 尽管达·芬奇没有受过什么正规教育，但他的笔记本上记满了他的科学理论、发明、绘画和设计。在工程学方面，他创造了曾经被认为不切实际的装置——从潜水装备到飞行器；在科学方面，他尤其以解剖学著称，用数千页的笔记和精美的解剖图将艺术与科学融为一体。

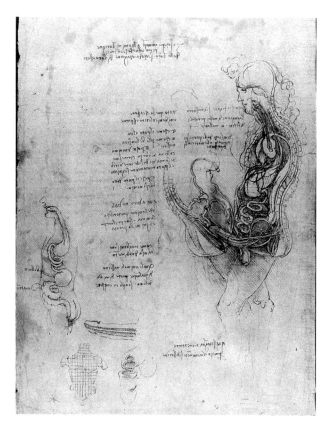

图 1-1　列奥纳多·达·芬奇约 1493 年的画作《交合》

新的参与者是一项挑战。在如此狭小的空间里爬进磁共振成像仪进行性行为，同时还被一个巨大的磁场扫描，这对许多人来说并不具有吸引力。

尽管如此，1996 年，该团队还是说服了 6 对伴侣进行尝试。团队还拥有了一台新的设备——西门子 Vision 1.5 特斯拉的磁共振成像扫描仪，从而提供更清晰的图像。肯定没有出什么问题吧？

然而，事实并非如此。这些伴侣的"表演"出现了问题。（萨布林斯将她和她的伴侣的首次成功归因于他们的良好关系，而凡·安德尔认为这更多地得益于两人在业余时间街头表演的经历。）事实证明做起来比看起来更难，表现难以令人满意的原因通常明确地指向男性而非女性。现为阿姆斯特丹自由大学（一所荷兰的公立大学）员工的萨布林斯解释道："大多数人认为这很容易，但他们很快意识到，这需要有真正的身体意识和良好的关系才能做到。"

两年后，一种新药"伟哥"（万艾可，即枸橼酸西地那非片）带来了突破。两对夫妇被邀请再尝试一次，在 25 毫克蓝色药片的帮助下，研究人员终于得到了他们想要的图像。当研究人员分析所有扫描结果时，他们发现了一些与达·芬奇 500 多年前描绘的完全不同的东西。阴茎并非笔直的，而是有点儿弯曲，像回旋镖。阴茎的"根部"或者说前 1/3 是直的，但随后向上转了大约 120 度。这意味着达·芬奇画的斜线位置是不正确的。阴茎比此前人们想象的要垂直得多。研究人员还发现，在性唤起期间，子宫的大小不会增加，这与当时的普遍看法相反。他们还发现，女性的阴道性交会促使膀胱迅速充盈，这是每个参与者身上都能被观察到的情况。尽管每名女性参与者在扫描前都会去厕所，但研究人员还是在女性参与者身上观察到了这种现象。其原因尚不清楚，可能是一种限制性交后尿路感染的人体策略。

1999 年，在首次性行为过程磁共振成像扫描进行之后近 8 年，研究结果终于发表在世界上最古老的医学期刊之一——《英国医学杂志》。[2] 一年后，这项工作获得了"搞笑诺贝尔医学奖"[①]并引起了全世界的关注，使得这篇文章至今仍是该期刊阅读次数最多的文章之一。"这可能是我的文章中阅读数据最好的，"萨布林斯说，"而且很可能会保持下去。"

---

① 搞笑诺贝尔奖（Ig Nobel Prize）是自 1991 年以来每年颁发的奖项，旨在表彰科学领域的不寻常进展，其既定目标是"表彰那些首先让人发笑，然后让人思考的成就"。

第2章

游泳冠军：精子游向卵子的流体力学

在 1665 年 1 月 2 日这个寒冷的日子里，著名的英国日记作者塞缪尔·佩皮斯拜访了他的书商。当他走进伦敦市中心圣保罗大教堂的书店时，一本新出版的书引起了他的注意。这本 246 页的书册名为《显微图谱》，包含了 40 多幅精美详尽的日常事物素描，例如苍蝇、跳蚤、针、煤块，以及其他零碎物品。这些常见的事物并非以我们用肉眼看到的形式呈现，它们看起来完全陌生且奇特——这些画作描绘了它们以前从未被看见过的迷人特征。

例如，跳蚤被描述为身穿一套"闪亮的黑色盔甲"，身上有"众多尖锐的针"——形状"几乎像豪猪的刺"。当佩皮斯瞥见这部"最优秀的作品"时，他在那天晚上的日记中写道，这本书"如此美丽"，他忍不住订购了一本。三周后，当订购的书到达书店时，佩皮斯将它带回了家，在他的房间里一直阅读到凌晨。"这是我一生中读过的最巧妙的书。"他在 1665 年 1 月 21 日的日记中这样写道。[1]

《显微图谱》中精细的图画得以实现，多亏了一种新的、强大的装置——显微镜。它即将揭开这个当时从未被见过的世界的面纱。《显微图谱》的作者是英国著名物理学家罗伯特·胡克。在这本书出版之前的几年里，胡克设计并完善了自己的显微镜，他使用三块凸透镜来放大物体的图像。胡克是一位杰出但有争议的科学家，他一生中在多个领域取得了突破，包括力学、天文学和光学。他年仅27岁的时候，被任命为新成立的（英国）皇家学会实验馆馆长，目前皇家学会仍然是英国著名的国家科学院。三年后，胡克在《显微图谱》中发布了他的观察结果，这也是世界上第一本全插图的显微镜学图书。

胡克的这项工作迅速激发了人们的想象力，并且影响力远超英国的疆域。和佩皮斯一样被吸引的人，包括荷兰商人、科学家安东尼·范·列文虎克。范·列文虎克来自一个酿酒商家庭，但他将兴趣转向了父亲家族的篮子制作技能，从16岁开始他就在一家纺织品店工作。工作6年后，也就是1654年，他在城里购置了自己的店铺。1668年，当他30多岁的时候，范·列文虎克去了英国，据说他在那里看到了《显微图谱》这本书。他对显微镜如何帮助他调查生意中不同纱线的质量非常感兴趣——毕竟，《显微图谱》包含了各种线的细节和图画，也包括丝绸。受到这项工作的启发，范·列文虎克开始制作自己的显微镜，这些显微镜看起来简单，但功能强大到令人难以置信。他的一台显微镜有一块单透镜（直径约5毫米的小玻璃滴）安装在一片薄金属中，就像一个小型放大镜。

在他的一生中，范·列文虎克制作了大约 500 台显微镜，其中最好的可以将物体放大约 250 倍，这是当时包括胡克在内的其他所有人能达到的放大倍数的 5 倍。[2] 范·列文虎克从未记录自己是如何制作出这种仪器的。有人说这是因为他没有接受过正规的科学家训练，也有人声称这可能是他故意为之，以阻止竞争对手复制他的技术。[3] 然而，范·列文虎克的技术如此领先，以至于过了100 多年，人们才复制出类似质量的镜片。

范·列文虎克使用他最强大的显微镜，可以看到小到约 2 微米①的物体，这意味着他能够分辨出直径为 6~8 微米的红细胞。他还充满好奇地调查从口腔和腋窝处采集的样本。当他研究它们时，他发现了一些令人难以置信的东西——口腔和腋窝中充满了微小的生物，这些生物在移动，他称之为"微动物"（animalcule）②。然后，在 1677 年的一天，对于一个男人来说的一次小小射精，对于人类来说却是一次伟大的射精，范·列文虎克将自己的精液放在了显微镜下观察。同样，他看到精液充满了"生命体"，他在狗、鸟和鱼的精液中也发现了类似的"微动物"。③ 值得注意的是，范·列文虎克还测量了人类精子的长度，大约为 50 微米长，④ 并解析了它的头部。他发现精子头部的长度大约为 5 微米，约为总长度的

---

① 1 微米等于 0.000 001 米，科学记数法写成 1×10^{-6} 米。

② 据称，"animalcule"一词最初是莱顿医学院学生约翰·哈姆于 1677 年使用的。

③ 实际上，最早看到精子的是哈姆，他分析了一名患有淋病的男子的精液。见 Houtzager, H.L. "Antonie van Leeuwenhoek." *European Journal of Obstetrics & Gynecology and Reproductive Biology* 15, no.3 (1983): 199–203.

④ 雄性果蝇的精子是有记录以来最大的——展开时长达 6 厘米，是其体长的 20 倍。

1/10。范·列文虎克通过他的研究，不仅如同胡克所做的那样揭开了微观世界的面纱，还开创了微生物学这个领域。[4]

17世纪70年代是生殖科学领域取得非凡发现的10年，[5]科学家发现了雌性哺乳动物可以产生卵细胞。[①]对一些人来说，精子的发现证实了希腊博学大师亚里士多德在公元前4世纪提出的理论：女性通过经血提供了孕育婴儿的"物质"，而男性则通过精液赋予那些"物质"以"形态"。后来，这一观点被称为"精源论"，而另一种"卵源论"观点则认为人类是由卵子形成的，精子或精液提供了某种唤醒力量来启动发育。与范·列文虎克同时代的荷兰显微镜学家尼古拉斯·哈特索克坚定地站在精源论者阵营中。1694年，哈特索克画了一幅具有标志性的图：一个小婴儿的完整身体被容纳在精子的头部，等待在子宫中弹出并生长。哈特索克的草图成为所谓的人类发展先成说的典型例子，在该理论中，人从受孕之初就已经预成形了。

直到19世纪，随着细胞生物学和遗传学的出现，人类发展先成说才被推翻。我们现在知道，尽管精子和卵子在大小上有着巨大的差异，但它们各自都含有1/2的遗传物质，这些遗传物质是创造一个人所必需的。然而，有一个关键的细节可用于区分精子和卵子，这是范·列文虎克在17世纪末就已经发现的：它们的运动能力。范·列文虎克向英国皇家学会报告他对精子的首次观察时写道："（精子）是一种微动物，大多数时候它在活动或移动时会用

---

① 尽管人类的卵子是人体内最大的单细胞，直径有0.1毫米（肉眼可以看到），但直到1827年，人们才真正直接观察到人类的卵子。

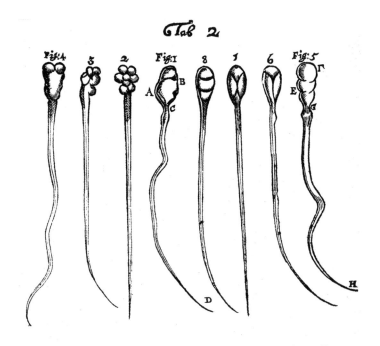

图 2-1 兔子的精子（1~4）和狗的精子（5~8）。由安东尼·范·列文虎克在 17 世纪 70 年代末绘制

来源：惠康博物馆

其头部或前部朝着我的方向游动。它的尾部在游动时会蛇形摆动，就像水中的鳗鱼那样。"

虽然我们现在知道，精子必须通过女性生殖道才能使卵子受精，但在范·列文虎克之后又过了 250 年，才有人为精子如何能够做到这一点提供解释。第一条解答这个谜团的线索出现在 20 世纪中叶，多亏了一系列的实验揭示像精子和卵子这样的小生物所居住的奇妙世界。

图 2-2 尼古拉斯·哈特索克于 1694 年绘制的类人小生物
来源：惠康博物馆

❉   ❉   ❉

　　人类的睾丸是强大的精子工厂，每秒能够产生大约 1 500 个精子[6]，每天产生约 1.3 亿个精子，每年产生约 10 万亿个精子。在一个男人读完这句话的时间里，他已经产生了大约 5 000 个精子。①这些精子通过了构成男性生殖系统的一系列管道，其中包括附睾——紧贴睾丸上端和后缘并呈新月形。人类身体的附睾长度

————————————

① 这些数字并不固定，不同人的数量可能会有很大差异。

达到了惊人的 6 米。然后，有一种细长螺旋结构，长度为 30 厘米，叫作输精管。输精管中的精子等待着性高潮期间的肌肉收缩将它们推向前列腺，在那里它们与精液混合，然后通过尿道直接从阴茎中排出。

从精细胞产生到精子完全成熟大约需要 3 个月的时间。平均一次射精大约含有 5 000 万~1 亿个精子，单论数量足以产生一个国家的人口。[①] 为什么男人能够产生如此多的精子仍然是一个谜，但这可能只是一个数字游戏。[②] 射出的精液落在阴道顶部（阴道长约 7 厘米），对大约 95% 的精子来说这标志着道路的终点，原因有以下几个：第一是精子暴露在阴道微酸性的液体环境中；[7] 第二，也是更大的问题，精子群中有很大一部分（比例高达 90%）本身的构成是畸形的，[8] 有些精子颈部弯曲或头部畸形（甚至没有头部），而 10% 的"正常"精子中大约有 1/2 的精子又不能很好地游动，它们只能在原地打转或什么也不做。一开始的 1 亿个精子，此时已经减少到 500 万个，这可不是非常好的开端。

能够移动的精子开始自行穿过宫颈，这是一条充满黏液的狭窄通道，长约 2 厘米。"cervix"（宫颈）在拉丁语中是"脖子"的

---

① 再次声明，精子的数量会有很大的变化，而且这个数字与公羊相比根本不算什么，公羊一次可产生约 9 500 亿个精子。

② 另一种繁殖策略是产生数量少但体积大的精子。2020 年，科学家在一种以前未知的甲壳类动物身上发现了迄今为止最古老的精子。这种精子产生于大约一亿年前，其长度是鸵鸟身体的数倍。Wang, H; Matzke-Karasz, R; Horne, D.J; et al. "Exceptional Preservation of Reproductive Organs and Giant Sperm in Cretaceous Ostracods." *Proceedings of the Royal Society B* 287 (2020): 20201661.

意思，它如同一个看门人，让一些东西进来，让另一些东西出去。精子进入子宫时会继续其障碍重重的旅程，子宫长约 8 厘米，形状像一个倒置的梨。子宫顶部两侧是狭窄的输卵管，长约 7 厘米。最后精子来到了卵巢。所有这些长度看起来都很小，但考虑到通过范·列文虎克的显微镜测量的精子的微小尺寸，它的总移动距离长得惊人——相当于一个人在一个奥林匹克标准长度的泳池中游 100 次。

精子在旅途中并不孤单。它们到达阴道顶部时，包裹在精液（一种具有果冻状稠度的浑浊白色液体）中。由于阴道的环境呈弱酸性，精液在这种恶劣环境中保护精子的方法之一是将阴道的 pH（氢离子浓度指数）从 5 提高到 7。然后，精子进入宫颈黏液，这里具有蛋清般的稠度；随后进入子宫，子宫也遍布水状黏液。[9] 旅程的最后部分是精子通过输卵管。由于精子一生都在精液或宫颈

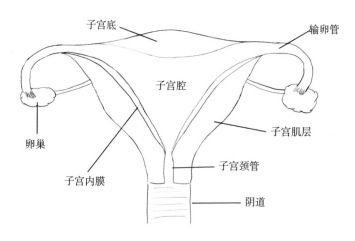

图 2-3 女性生殖系统的轮廓

黏液等液体中度过，因此它们需要用某种方法在这些物质中推动自己。但事实证明，如此小的细胞要移动是非常困难的，为了了解它们如何在这些液体中游动，我们需要一堂流体动力学速成课，这门科学研究液体和气体的流动及其与固体表面的相互作用。

❈　❈　❈

流体的一种基本特性是黏度，其定义为流体对形状或运动变化的阻力。高黏度的流体（例如蜂蜜）会阻碍运动，因为组成它的分子会产生大量内摩擦。低黏度流体（如水）很容易流动，因为其组成分子在运动时产生的摩擦力很小。举个例子，想象一个底部有一个小孔的杯子，如果将蜂蜜或油倒入杯中，由于黏度高，液体会慢慢流失。同样在这个杯子中，由于水的黏度较低，水流出的速度要快得多。

19 世纪 80 年代末，爱尔兰物理学家奥斯本·雷诺提出了一种通过流量及物体在流体中的运动来描述不同流体的特性的方法。他是英国欧文斯学院（后来改组为曼彻斯特大学）的工程学教授。19 世纪七八十年代，雷诺进行了一系列实验，他将彩色染料注入装有水的细管中的一小部分区域。通过改变水流的速度，雷诺可以测试在什么条件下水流是平缓的，什么条件下又是湍急的。凭借令人难以置信的洞察力，雷诺发现了一个可以描述涉及流体中物体的力平衡的简单数量——雷诺数，简称为 Re。它被定义为惯性力（表征物质保持速度不变的趋势）与黏性力之间的比率。[10] 惯性力取决于流体中物体的大小和速度，而黏性力取决于流体的密度。宽泛地讲，雷诺数大于 1 意味着惯性力占主导地位，雷诺数小于 1 意味着黏性力占主导地位。

后来，雷诺数在工程领域变得很重要，从设计飞机机翼到调整一级方程式赛车的空气动力特性（空气被认为是一种移动的流体）都要用到。但是，雷诺数在生物学中也发挥着巨大的作用，它可以影响大量的数值。例如，鲸在水中游动的雷诺数约为 100 万，而游泳的人的雷诺数约为 1 万。[11] 如此之大的雷诺数告诉我们：就人类或鲸这样大型的动物而言，移动物体的惯性力压过了黏性力（水的阻力）。事实上，鲸尾的翻转使鲸能够游很长的距离，如此庞大的身体几乎不受水的阻力影响。对细菌和精子等微生物来说，情况则完全不同。它们的雷诺数往往要小得多，实际上小到约为 0.000 1。在这种情况下，起主导作用的不是惯性力，而是黏性力。

在雷诺数提出 100 年后，美国物理学家爱德华·米尔斯·珀塞尔提出了一种优雅的方式来展示微生物游泳的难度。他因在 20 世纪 40 年代发现核磁共振现象而闻名，这一突破为磁共振成像技术铺平了道路（第一章中已经介绍了这种技术）。[①] 珀塞尔还热衷于粗略估算，在 20 世纪 70 年代，他对他所说的微生物的"雄伟游泳"产生了兴趣。[12] 1976 年，珀塞尔做了一场非常著名的演讲，

---

① 珀塞尔与瑞士裔美国物理学家费利克斯·布洛赫分享了 1952 年诺贝尔物理学奖，该奖项表彰了他们在核磁共振方面的研究成果。

其中他概述了细菌在液体中移动有多么困难。物理学家计算出，如果你在液体中对细菌施加微小的推力，它会在 0.000 001 秒内停止运动。[13] 在这段时间内，它移动的距离小于单个原子的直径。珀塞尔强调，细菌生活在一个与惯性完全无关的世界，那个世界与我们习惯的世界截然不同。人类效仿微生物的移动非常困难，我们可以尝试在像蜂蜜这样高黏度的介质中游泳，并以与时钟分针相同的速度移动我们的手臂。如果真的可以模拟这一点，那么移动几米将需要耗费几周的时间——当然这会使人筋疲力尽。

解释这一切如何发生的物理学，早在珀塞尔之前约 20 年就已经得到了研究。研究主要由包括剑桥大学的杰弗里·泰勒在内的几位英国物理学家完成。在 20 世纪 60 年代使用甘油（一种高黏度介质）进行的一系列经典实验中，杰弗里·泰勒展示了这样的世界是多么奇异。在低雷诺数条件下，微生物游泳的物理原理就是破坏往复运动的能力：往复运动即上下或者左右的重复运动，会阻止微生物在黏性流体中运动。正如珀塞尔所阐明的，往复运动最简单的例子是不起眼的扇贝。如果将扇贝缩小到像精子或细菌一样具有低雷诺数的状态，扇贝将无法移动。①这是因为它的运动是完全往复式的。当扇贝打开和关闭其外壳时，它会经历相同的动力冲程（闭合外壳）和恢复冲程（打开外壳）。换种思考方式，我们可以拍摄扇贝闭合和打开外壳的过程，如果你向前或向后播放该视频，你将无法分辨两个过程的不同。因此，微型扇贝被困在

---

① 真正的（正常大小的）扇贝通过喷射推进移动，它们合上外壳时挤出液体。

了时间里。

然而，我们知道微生物可以游泳。毕竟如果它们不能游泳，你就不会读到这篇文章，我也不会写其中的内容。那么微生物如何游泳呢？泰勒再次展示了它们是如何做到这一点的。如果你拿一个薄圆柱体，比如吸管，让它垂直落入像糖浆这样的高黏度流体中，它就会像预期的那样垂直落下［见图 2-4（a）］。如果将吸管侧放，它仍然会垂直下降，但由于阻力的增加，速度只有直立情况下的 1/2［见图 2-4（b）］。然而，当你让吸管与水平位置成一定角度时（就像倾斜座椅的靠背一样），它不仅在糖浆中垂直向下移动，还会水平移动，导致其沿对角线方向下落。[14] 这被称为"斜向运动"，其发生的原因与力如何作用在纤细的物体上有关。该方向上的垂直力可以分为两个分量：一个沿着物体的长度方向，一个垂直于长度方向（如图 2-4 圈中所示）。与垂直方向相比，沿物

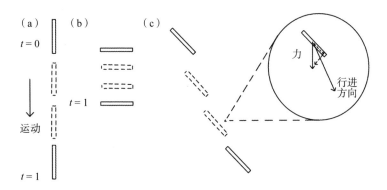

图 2-4　当一根杆子垂直落入高黏度的液体中时，它会直接向下移动（a）；而当水平放置时（b），由于阻力增加，它的移动速度是直立时的 1/2。然而，当以一定角度倾斜放置时（c），杆子会沿对角线方向移动，这是由力作用在主体上的方式决定的（如圈中所示），被称为"斜向运动"

体长度方向的阻力较小，导致该方向上的运动更大，这意味着吸管沿其长度方向的移动速度比沿垂直方向的移动速度更快，因此它会伴随着垂直下落同时水平滑动。

你可能会好奇：这与游动的细菌或者精子有什么关系呢？好吧，再说一遍，它们必须打破往复运动才能移动，泰勒展示了一种可以做到这一点的特殊方式。最基本的方法（在自然界中被发现过无数次）涉及从主细胞体伸出的尾部或鞭毛的螺旋旋转。尾部的运动就像一个坚硬的开瓶器（想象一下打开一瓶酒，这在与孩子们度过一天后变得非常重要），而这种螺旋旋转正是低雷诺数的游泳者打破往复运动的原因。想象一下，将螺旋线分成更小的部分，再推断每个部分的斜向运动量，然后将其相加，从而估算出其向前推进力。事实上，这种螺旋技巧正是细菌所采用的，例如大肠埃希菌。这些高效的游泳者通过鞭毛底部的"发动机"顺时针或逆时针旋转鞭毛。[15]

20 世纪 50 年代初，英国曼彻斯特大学的泰勒和杰夫·汉考克对带有可移动鞭毛的细胞（如精子）如何移动进行了详细计算。[①]他们证明，当精子挥动其尾部时，它可以在不同的部分产生斜向运动，从而产生黏性推进力。[16] 1955 年，汉考克应用上述数学原理来描述海胆精子的运动。[17]当时，他正在伦敦大学玛丽王后学院（现为伦敦玛丽女王大学）和剑桥大学的詹姆斯·格雷一同工作。他们发现，精子利用尾部的弹性进行复杂的波状"拍打"运

① 当时，汉考克还是一名博士生，师从气动声学和生物流体动力学领域的先驱迈克尔·詹姆斯·莱特希尔爵士。

动，产生斜向推进力，进而打破了运动的往复性。

为了进行这些运动，精子的尾部和自然界中的所有鞭毛（将在下一章中发挥作用）一样需要一些生物学机制。而且，正如范·列文虎克在 17 世纪使用新制造的显微镜来观察单个精子一样，20 世纪 50 年代末的研究人员使用透射电子显微镜（TEM）的电子束来更深入地研究精子尾部的结构。[18]

透射电子显微镜于 1933 年由德国科学家马克斯·克诺尔和恩斯特·鲁斯卡发明，①利用这种新设备，他们发现了一种美丽、精妙且在某种意义上简单的结构。精子的尾部有一个纤维鞘，其中有排列成圆圈的致密纤维团。这个圆圈的中心被称为轴丝或细胞骨架，是精子获得强大运动能力的地方。轴丝的主要成分是被称为微管的长管。轴丝中有 9 对这样的微管形成一个环，另有 1 对微管位于中间，被称为"9 + 2"排列，除末端的几微米外，它的大部分沿着尾部延伸（如图 2–5）。[19] 起到驱动能力的蛋白质被称为动力蛋白，负责连接成对的微管，使微管可以相对彼此滑动，从而导致整个尾部弯曲。这是纯粹的生物机械在行动。精子的尾部甚至可以反向弯曲，将尾部的一端向一个方向推动，另一端向另一个方向移动（就连死掉的精子也可以反向弯曲）。[20]

事情不仅仅是复杂的生物力学。精子必须在宫颈黏液中游动，而宫颈黏液会在整个月经周期中改变稠度或黏度，尤其是在排卵

---

① 后来，鲁斯卡因这一发现获得了 1986 年诺贝尔物理学奖。克诺尔于 1969 年去世，如果不是因为诺贝尔奖不颁给已故的人，他很可能与鲁斯卡一起获得诺贝尔奖。

前后。在月经周期的大部分时间里，宫颈黏液像牙膏一样黏稠而致密，使得精子无法侵入。但在排卵前后，由于雌激素——一种怀孕期间卵巢和胎盘产生的女性性激素——的释放，宫颈黏液的成分发生了变化。雌激素还负责帮助子宫生长和发育、乳房发育，以及为婴儿出生后泌乳做准备。宫颈黏液变得类似于蛋清（当然是未煮熟的）：清澈、丰富且湿滑。[①] 即使在此时，宫颈黏液的黏度也比水大 200 倍。尽管人们认为精子在这种黏稠的蛋清状液体中游动会很困难，但事实证明，相当奇怪的是，这在某种程度上是有利的。

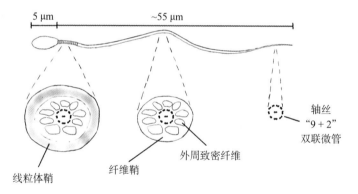

图 2-5　精子尾部的主要组成部分是轴丝，其中包含 "9 + 2" 排列的微管组；尾部前方的轴丝被外周致密纤维和一根纤维鞘包围

---

① 如果把蛋清样的稀薄黏液放在载玻片上晾干，然后用显微镜观察，就会看到类似蕨树的图案。这就是所谓的蕨形试验（也称羊齿状结晶试验），是推断排卵的重要诊断工具（详见第 4 章）。从月经周期的第 6 天到第 22 天，试验中都会出现蕨形，但在约 12~16 天，也就是排卵前后女性生育能力最强的时候，蕨形会变得最明显。

❋　❋　❋

"如果你想了解精子是如何游动的，那么你来对地方了。"在深秋的一天，巴西出生的英国布里斯托尔大学数学生物学家赫米斯·布卢姆菲尔德-盖德哈在他的办公室对我说。布卢姆菲尔德-盖德哈的职业生涯致力于研究游动的精子中的数学，将流体动力学与精子尾部的分子机器结合在一起。但真正令人印象深刻的是布卢姆菲尔德-盖德哈的热情，他如此投入，以至于他的下一个约会迟到了。他迷失在低雷诺数的世界里。在此之前，布卢姆菲尔德-盖德哈给我看了一部精子在液体中游动的影片，这种液体与水类似。精子的尾部在所有方向上挥舞着，上下、左右地挥动。尾部以约 25 赫兹[①]（相当于每秒振动 25 次）的频率"跳动"，并在游动的同时进行滚动。

　　这部影片给人这样的印象：精子在液体中的移动是随机的，甚至是混乱的，但之前的研究结果表明，液体发生了一些令人惊讶的变化。布卢姆菲尔德-盖德哈团队曾记录过一个精子在盐水溶液中游动的过程，然后提取它的运动模式来模拟流体的相应流动——有点儿像在河中间放一块带有移动部件的大石头，看看它的运动如何改变水流。[②]他们发现，在像水这样的低黏度液体中游动

---

① 赫兹是频率单位，是每秒周期数的倒数。

② 描述牛顿流体运动所涉及的数学原理是纳维—斯托克斯方程，这是一组偏微分方程。这些方程中用于描述精子等低雷诺数游动体在微观环境中运动的一种形式被称为斯托克斯方程，而"斯托克斯爬流"中单点力的数学抽象被称为"斯托克斯子"。

的精子周围的流体遵循一种可明确定义的、平滑的流动模式，尽管看起来像是在四处飞溅。如果你回想起高中物理课堂，你可能记得用磁铁和铁屑做的经典实验。把一块磁铁放在一张纸的下面，然后在纸上撒上铁屑。铁屑会被磁化，并沿着磁铁的磁场线排列。在这种情况下，当精子游动时，它搅动了液体，在液体中产生了类似的场线。从这个意义上说，游动的精子就像是在周围的液体中创造一个动态的"场"。[21]

这对水来说可能没什么问题，但我们知道精子需要在人类宫颈高黏度的液体中移动。而精子似乎就是被这么设计的。接下来，布卢姆菲尔德–盖德哈向我展示了一段精子在高黏度液体中游动的视频，其游动行为完全不同，简单得让人着迷。此时精子的头部基本保持静止，只有尾部在移动——就像列文虎克最初描述的那样，精子看起来像一条蠕动的鳗鱼。低黏度和高黏度液体中精子的游动之间的区别，就像一个正在学游泳的人挥动手臂和另一个人正在流畅蛙泳。布卢姆菲尔德–盖德哈解释道："当精子在黏液中时，它处于一种完全不同的状态。"

自 20 世纪 50 年代起，已经开发出的游动精子的数学模型使研究人员能够对精子尾部的某些方面进行调整，从而查看哪些方面起主导作用。布卢姆菲尔德–盖德哈和同事研究了精子外周致密纤维的作用。这层鞘只包裹了精子尾部的顶部，大约延伸到尾部的 1/3 处，这使得精子尾部的顶部比中部更硬。他们研究了海胆的精子，海胆的精子在海水这种低黏度介质中游动，使卵子受精。但是，当它们被放在高黏度介质中时，它们游动的速度慢得多。

当布卢姆菲尔德–盖德哈和同事以海胆精子的外鞘为模型进行研究时，他们发现精子在高黏度液体中能更有效地移动。[22] 这显示出，增强型外鞘，即包裹在人类精子尾部的外层，对于使精子通过高黏度液体时产生有力的节奏性划动起着关键作用。布卢姆菲尔德–盖德哈说："我们不知道哪个先出现，是外鞘还是宫颈黏液。也许它们是共同演化的？"现在，他正在开发新技术，使精子游动的时间可以长达几分钟，而不仅仅是现有技术下的几秒钟。[23] "但是，自然界中没有任何事情是偶然发生的。"

一次射精中，数百万个精子中只有几百个能到达输卵管。输卵管位于子宫顶部附近，在其末端是卵巢，中间部分（被称为输卵管壶腹部）会有卵子。[24] 现在，到达卵子处的幸运精子可以感知到卵子，从而触发了一种全新的运动模式——这种模式比在高黏度介质中的流畅游动混乱得多。

一旦精子接近卵子，也许是在离卵子几毫米的地方，它就会检测到卵子释放的孕酮这种激素，并通过一种被称为趋化性的过程向其移动。在趋化性过程中，细胞和生物的运动是由它们环境中的化学物质引发的。孕酮存在于卵泡液中，这是一种营养丰富的液体，包围着卵子。随着卵子发育，这种激素吸引精子向其移动。2020 年有一项引人入胜的研究发现，卵泡液可以选择性地吸引来自某些男性的更多精子，而且这种效果似乎是随机的，与女性选择的伴侣无关。[25]

这种对精子产生强大影响的机制背后是一条叫作 CatSper（意为"精子的阳离子通道"）的钙离子通道，该通道在 2001 年被发现位于人类精子的尾部。[26]这种CatSper蛋白接收孕酮并将钙离子送入细胞，这导致精子进入一种疯狂状态——精子超活化。在这里，精子沿着宫颈黏液的平滑游动行为现在被尾部的混乱抽打所取代。虽然这可能给人一种精子无法到达任何地方的印象，但这种运动给它带来了两个明显的优势：第一，防止精子在输卵管中卡住；第二，使精子头部从侧向运动转变为八字形扭转运动。这种像锤击一样的运动非常利于精子穿透卵子的"透明带"，这是一个果冻状的保护层，厚度在13~19微米，大约是精子头部长度的2~3倍。2020年的实验研究显示，CatSper蛋白极其重要，没有它，精子就无法使卵子受精。[27]然而，精子钻孔的力量仍然不足以打破这道屏障。为了加快这一速度，精子会释放一系列酶，或者说是加速反应的蛋白质。这些酶存在于精子头部的顶端，即顶体中。这有助于溶解卵子的透明带，造成对卵子的猛烈攻击——同时进行锤击和溶解。

对精子在低黏度或高黏度液体中游动的研究并不仅仅是出于学术上的兴趣，数学家正在与生殖专家合作，研究这些关于精子游动的数学知识是否可以改善接受生育治疗的夫妇的诊断结果。在欧洲国家和美国，每六对夫妇中就有一对不孕，每年被转到不孕诊所的人数增加约9%。例如在英国，每年有超过5万名女性接受生育治疗，这几乎是过去20年中每年人数的两倍，导致了超过7万次的周期治疗。[28]其中一个主要原因是，过去40年中，男性的精子数量减少了1/2。现在，每20名男性中就有一人的精子数量偏少。据估计，全球可能有一亿名男性生育力低，这已经引起了关于"人口定时炸弹"的警告。男性因素引起的不孕症和无法解释的不孕症是当今夫妇们转而借助辅助生殖技术的主要原因。[29]

✵　✵　✵

2020 年 2 月一个寒冷潮湿的日子，我见到了英国伯明翰大学的数学家戴维·史密斯。我们前往伯明翰女子医院，它是英国两家专门的妇科医院之一，位于新建的、外观令人印象深刻的伯明翰伊丽莎白女王医院对面，后者也是英国最大的专科医院之一。伯明翰女子医院本身拥有英国最繁忙的妇产科，每年接生超过 8 000 名婴儿，同时也是一家领先的生育中心所在地。我们从侧门进入，这里是人们留下精子样本以便进行分析或捐赠的地方。我们走过住院接待区，前往三楼与杰克逊·柯克曼–布朗会面，他正在他的办公室外等我们。

柯克曼–布朗穿着标志性的马甲，系着领结。他是世界著名的生育专家，尤其是在男性生育问题方面。在伯明翰大学研究人类精子和卵子之间的相互作用并获得博士学位后，他前往马萨诸塞大学医学院学习一年，然后返回伯明翰大学。在伊拉克战争（2003—2011）期间，柯克曼–布朗参与帮助严重受伤的士兵提取精子，使他们仍有机会生育。2013 年，他因对人类生殖科学的贡献，于英国女王新年授勋时被表彰，被授予大英帝国勋章（员佐勋章，MBE）。现在，柯克曼–布朗一天中 1/2 的时间在大学里度过，另外 1/2 的时间在生育中心担任学科带头人，专门进行男性生育能力的研究。

柯克曼－布朗向我讲述了 20 世纪 70 年代由伯明翰大学的杰克·科恩所领导进行的兔子实验。研究人员回收了到达子宫和输卵管的少量精子，然后将它们与一只雄性兔子的全部精液一起重新授精到另一只不同品种的雌性兔子体内。通过跟踪记录某些特征，例如毛色和图案，他们发现这一小群回收的精子可以完成两次旅程。[30] 尽管结论并未得到普遍接受，但这些研究提出了这样的想法：某些精子群体具有优势特征，使它们与其他精子可以区分开来。"只有数十个精子到达卵子处，我们仍然不知道这组精子的特征是什么，"柯克曼－布朗说，"仅仅查看精液样本中的所有精子并不能告诉你这些信息。"

当一对夫妇开始接受不孕不育检查时，通常由训练有素的技术人员对精液样本进行分析。该分析给出各种参数指标，例如射精量、精子计数、精子活力和精子形态。虽然许多生殖中心都使用这种方法来确定不孕程度，但仍无法保证该技术的准确性，而且该过程昂贵又耗时。当前的"金标准"技术是计算机辅助精子分析（CASA），将样本放置在显微镜下，然后计算机拍摄样本图像约一秒钟，计算精子数量，并考察精子的某些特征。然而，手动方法和CASA技术在分析精子样本时都倾向于关注精子的头部，不仅是为了首先识别精子，也是为了监测其游动能力。[31] 虽然有些精子可能具有恰当的头部形态，甚至具有良好的运动能力，但也可能隐藏着一些缺陷，导致它们永远无法到达卵子处。"实际上，精子的尾部可以向你揭示细胞的代谢状况。"在繁忙的员工公共休息室里，柯克曼－布朗一边喝咖啡一边告诉我。

戴维·史密斯在过去 20 年里一直致力于进行精子游动方面的数学研究，他正在与柯克曼－布朗和伯明翰的其他生殖专家合作，研究新的用于生殖医学分析的数学方法。该团队开发了一种新的精子分析技术——鞭毛分析和精子追踪（FAST）技术，可以捕获并详细分析精子的尾部。当精子在类似生理盐水的液体中游动时，该技术利用高速数码相机成像来快速拍摄精子的多张图像。通过测量精子运动的"波形"，研究人员可以得出游动精子的许多特征，例如尾部跳动的频率（健康精子通常约为 25 赫兹）和游动速度（约每秒 50 微米）。[32] 该程序使用史密斯及其同事开发的数学方法来模拟这种运动，计算细胞对液体施加了多少力，并算出精子的游泳效率——使用一定量的能量可以移动多远。所有这些信息都可以帮助判断精子是否有能力到达卵子处并使其受精。

FAST 技术的好处是它可以同时评估大量精子（一次最多可达数百个精子），然后在必要时将结果外推到整个样本。该团队已开始使用 FAST 技术进行临床试验，涉及 73 对夫妇和约 14 000 个精子，并计划进一步扩大试验规模。FAST 技术还可用于研究生活方式或补充剂对精子活力的影响，甚至可能用于计算男性避孕药的有效性。但这项技术终究是为了首先确定受试者是否有必要进行生育治疗，因为接受辅助生殖有时感觉就像拿着锤子敲开坚果。

例如，如果有更好的方法来分析精子样本，就有可能使用侵入性较小且更便宜的辅助生殖技术。模拟实验表明，如果疑似男性因素导致的不孕不育，宫腔内人工授精在几个周期内可能与进行体外受精一样成功。这种授精方法是将经过清洗和浓缩的精子放入注射器中，绕过子宫颈管直接喷射到子宫中。史密斯表示，即使未来英国每年 7 万轮辅助生殖中只有 5% 可以通过更好地分析精子得以避免，每年也可以节省超过 100 万美元——这一切都归功于对精子如何游动的数学理解。

❋　❋　❋

几十年的研究表明，游动对像精子这样的小细胞来说是很困难的。但由于它们灵巧尾部的迷人机制以及宫颈黏液的特性，精子有机会游向卵子。然而，这还不是故事的全部。关于受孕的一种常见误解是认为所有的工作都由精子来完成，而直径约为 0.1 毫米的卵子处于休眠状态等待受精。①女性生殖系统本身可以拉动多种杠杆来帮助精子完成旅程，其中之一就是子宫的肌肉收缩（这对于分娩至关重要，我们将在第 6 章中看到），将子宫积液推向子宫底或子宫顶部。

在月经期间，人们认为宫缩从子宫顶部开始，以每分钟约 1 次的宫缩速度向宫颈移动，从而帮助排出子宫内膜。然而，在月经周期的剩余时间内，不仅宫缩方向相反，而且宫缩速度更快，大约每分钟 3 次。[33] 这种宫缩速度与精子的游动能力相结合，可使

----

① 男性一生中会不断产生精子，而女性的卵子数量是有限的，大约有 100 万个，但到了青春期就会减少到大约 30 万个。在每个月经周期中，卵子在卵巢中的卵泡里成熟，然后从卵泡中迸发出来，与包裹着卵子的一团细胞一起排出体外。

精子在不到 20 分钟的时间内到达输卵管——考虑到输卵管的微观尺寸，这段时间短到令人难以置信。一旦精子到达输卵管，就很难确切地知道输卵管内发生了什么，因为它们的结构如迷宫般复杂。但人们普遍认为精子可以在特殊的"隐窝"中留存数天，甚至有人认为精子是以某种方式分批释放的。实际上，女性生殖系统控制着向卵子前进的精子数量。这可能是有原因的：精子数量多的男性可能增加两个精子同时使一个卵子受精的风险，尽管这种情况极为罕见。如果发生这种情况，胚胎将包含 69 条染色体，而不是 46 条；这样会导致流产或出生后早逝。这些隐窝可能是降低这种情况发生概率的一种方法，尽管考虑到实验验证的挑战性，目前我们还不清楚真实情况是否如此。

我们现在知道的是，在一次射精的数百万个精子中，可能只有一个会进入卵子。这个成功概率类似于中彩票，但回报是无法估量的——生命。然而，我们仍然需要大量研究来充分了解精子如何到达卵子的精确微观细节。无论未来出现什么惊喜，有一件事将永不改变：

生命始于低雷诺数。

第 3 章

制订身体计划：胚胎发育与生物数学

大自然充满了图案。想象一下完美的、可复制的花瓣排列，幼儿在墙上用永久记号笔绘制的复杂的螺旋图案，或者斑马身上重复的条纹。即使只是伸出你的手臂，你也会看到双手各有 5 根形状几乎相同的手指。①

英国数学家艾伦·图灵对自然界中所有这些不同的模式如何形成感到着迷。他并不是一名训练有素的生物学家，而是在剑桥大学学习数学，然后于 20 世纪 30 年代中期前往普林斯顿大学攻读数理逻辑博士学位。然而，当图灵在第二次世界大战爆发前返回英国参加布莱切利园的密码破译活动时，他声名鹊起，那里的许多男人和女人夜以继日地工作，破译德国海军用于加密无线电通信的恩尼格玛密码机产生的通信编码。

---

① 大约每 500 人中就有一人天生多指/趾，也就是说有多余的手指或脚趾。

在这些不畏艰难的密码破译努力之后，图灵继续了他对计算和人工智能的热情。他也将注意力转向了其他的兴趣：胚胎学。图灵这样做的灵感来自苏格兰生物数学家达西·温特沃斯·汤普森的工作，汤普森于 1917 年在邓迪大学学院（当时隶属于圣安德鲁斯大学）出版了经典著作《生长和形态》。[1] 这本书研究了许多不同的主题，从树木的发育到骨骼结构和骨骼动力学。它还包含对形态发生的数学描述，形态发生是赋予生物形状的生物过程。尽管汤普森的一些想法当时遭遇了反对，但他坚信数学可以解释动物和植物等生物体的形成。[2] 图灵同样确信这一点。正如计算机遵循一组代码指令一样，同样的基本逻辑也必然适用于生物体。

基于汤普森的思想，图灵专注于研究形态发生素（其分布控制组织发育模式的物质）如何在限定的空间中扩散。换句话说，从纯粹的理论角度来看，他寻找的是导致我们在自然界中看到的各种模式的展开机制。

图灵理论的主旨涉及在某个空间（比如发育中的胚胎）中扩散的两种竞争行为。一种是激活剂开启某些物质的产生过程，例如色素；而另一种是抑制剂阻止该过程的发生。图灵理论的一个关键方面是，当激活剂移动时，它不仅会复制自身，还会产生抑制剂。另一个特征是抑制剂的移动速度比激活剂更快。

这一理论简单而优雅，但它仍然带有一些看起来低劣的数学运算。1948 年，图灵到了曼彻斯特大学，当时一台新计算机"Ferranti Mark 1"刚刚抵达，可以帮助他进行模拟，直观地展示他的数学理论的实际应用。图灵通过大量处理方程式表明，如果你

图 3-1　各种图灵模式的示意图

从一点儿激活剂开始，通过调整激活剂和抑制剂的传播速度，就可以创造出无数种不同的模式，从简单的斑点、条纹到更复杂的排列，比如环状、斑驳的团状或迷宫图案。³ 扩散的几何形状也创造了它自己的可能性，例如，猎豹身上的斑点状图案在尾巴这样较薄的部分可以显示为条纹——动物身上本就如此。

　　图灵的想法代表了物理学家和数学家通常如何处理问题，那就是将其分解为最基本的组成部分。① 因此，他没有将该理论应用于生物学中的特定问题，并承认该理论有许多缺点。"这个理论没有提出任何新的假设，"他在 1952 年的论文中写道，"它只是表明某些众所周知的物理定律足以解释许多事实。"遗憾的是，图灵无法进一步发展它。他因与同性伴侣的关系，被捕并被定以"严重猥亵"的罪名（20 世纪 50 年代初，同性恋在英国是非法的，图灵是公开的同性恋者）。图灵被处以化学阉割的惩罚。1954 年，就在

————————
① 当物理学家为生物建模时，他们会想到"设想一头球形的牛"。

他的理论发表两年后，41 岁的他结束了自己的生命。[1]

其他人继续了图灵的研究。1988 年，当时在美国西雅图华盛顿大学工作的苏格兰应用数学家詹姆斯·默里进一步发展了图灵的理论，并使用计算机建模表明反应扩散理论可以解释自然界发现的大多数动物的外表。[4]

尽管图灵拥有天才般的想法，但生物学家花了几十年的时间才看到它的可能性。即便如此，许多人也仍然怀疑一个相对简单的理论能否解释如此复杂的结果。相反，许多发育生物学家都被在伦敦大学学院工作的英国胚胎学家刘易斯·沃尔珀特 20 世纪 60 年代末设计的模型所吸引。该理论表明，细胞可以感知它们与胚胎中分子信号的潜在图谱有关的位置，这将导致不同结构的产生。它有点儿类似于儿童涂色书，一张轮廓图上的某些区域用数字来代表不同的颜色。轮廓图就是潜在图谱，当形态发生素扩散时，它会在每个区域沉积正确的"颜色"，从而构成整幅五彩斑斓的图画。

沃尔珀特的模型在现实系统中取得了很大的成功。一个例子是果蝇身体的生成。果蝇是生物学家研究的模式生物，因为许多控制果蝇发育的基因与控制脊椎动物的基因相似。果蝇的身体不是由反应扩散机制产生的，而是由不同浓度的形态发生素（特别是 *bicoid* 基因对应的蛋白质）在全身扩散时产生的。

但是，图灵的模型并没有完全失败。2006 年，瑞士生物学家

---

[1] 一些人多年来一直在为图灵获得皇家赦免而奔走，最终，英国女王伊丽莎白二世于 2013 年追授图灵皇家赦免令。

在毛囊的位置排布中找到了图灵理论的明确证据。[5]事实证明，手上或爪子上的手指数可以完美地展示图灵模式。2012 年，西班牙巴塞罗那基因组调控中心的生物学家詹姆斯·夏普和他的同事证明了用图灵的方法在小鼠身上产生手指的有效性。他们去除了一组被称为 Hox 的基因，这组基因是涉及许多发育领域的基因大家族的一部分，功能包括制订身体计划。当他们一一敲除 39 个 Hox 基因时，小鼠的手指越来越多，最多达到 15 个。[6]这种基因改变不会导致小鼠的爪子大小发生变化，相反，爪子的大小相同，但手指的间距减小了。

这项研究是图灵模式的经典例子——当斑点被塞进更小的空间时就会变成条纹，研究人员根据图灵方程进行的计算再现了他们在实验中看到的模式。两年后，夏普和他的同事进一步发展了这个想法，发现三种不同分子之间复杂的相互作用可以解释为什么手指会在原来的地方生长。他们发现，一种被称为 SOX9 的蛋白质会发出在特定位置构建骨骼的信号，另一种蛋白质会开启 SOX9 对应基因的表达，而第三种蛋白质会在手指之间的缝隙处关闭该基因的表达。[7]

大自然结合反应扩散和形态发生素梯度机制来创建身体计划，这似乎是合理的。然而，图灵模式本身仍然可以解释一系列现象，从肺部分支的产生到口腔顶部的嵴——当你咬下馅料过热的馅饼时，嵴会被烫伤。图灵的洞见还得到了胚胎发育之外的应用，例如解释星系形成和生态学中捕食者与猎物关系的各个方面，甚至揭示了城市中的犯罪热点地区。但是，汤普森和后来的图灵等人开创的是一种严格的数学和物理方法，用以理解生物学问题，特别是胚胎发生和形态发生过程。尽管生物学家近几十年来一直关注基因如何塑造我们，但现在越来越多的证据表明，仅靠这一点是不够的。对胚胎发育过程中物理力的更深入了解，正在提出关于我们如何形成的更多问题并促成答案。

❋　❋　❋

当两个互补的人相遇时，我们常说火花四溅，而这正是卵子和精子相遇时所发生的情况——或者至少是"锌花四溅"。2016年，芝加哥西北大学的科学家使用高速摄像机拍摄了人类精子和卵子结合时发生的"烟花"。他们发现，当一个精子进入卵子时，它会导致卵子中的钙含量激增，从而引发锌的释放。当锌射出时，研究人员使其与小分子结合并发光，以便检测到锌。他们发现卵子会对锌的分布进行调整，来控制健康胚胎的发育。当这种情况发生时，释放的锌越多，闪光就越亮，从胚胎到胎儿的过渡就越可行。[8]

当这种火花出现时，合并的遗传物质制造出第一个细胞——受精卵，它开始在被称为有丝分裂的过程中分裂。第一次细胞分裂发生在受精后约24个小时，到第4天结束时，受精卵已经含有大约16个细胞。胚胎沿着输卵管向下移动，与精子进入子宫的方式相反。当它这样做时，帮助精子到达卵子的生物力学机制（第2章中描述的精子尾部的微管）现在也帮助引导胚胎返回子宫。

除了帮助精子和其他微生物游动的鞭毛，还有其他伸出细胞的毛发状结构——纤毛。纤毛通常比精子的鞭毛小，直径约为 0.25 微米，长度为 6 微米（大约是精子头部的长度），并且可以锚定在固定的细胞上，带动它们周围的液体移动。它们也存在于身体的多个器官中。例如，在肺部，纤毛推动气道内的黏液层。纤毛也排列在输卵管上，它们不像在肺部那样分布均匀，看起来更像一片森林，到处都有一些空地。

鉴于纤毛的尺寸很小，其雷诺数与精子相同，因此当涉及往复运动以对液体产生单向推动力时，它们会遇到相同的问题。为了解决这个问题，输卵管中的纤毛具有与精子相同的"9+2"微管组结构，这使得它们能够进行复杂的运动（见图 3-2）。它们利用这一点，通过"单手蛙泳"来移动细胞周围的液体，其中"动力行程"不同于"复原行程"。纤毛的长度针对这项工作进行了很好的优化。任何较短的、流量不足的行程会被创建；而如果行程太

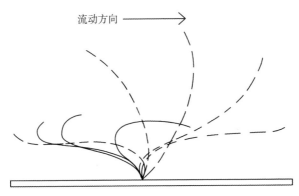

图 3-2　固定细胞体上的纤毛可以通过执行不同的"动力行程"（虚线所示）和"复原行程"（实线所示）来移动它们所沐浴的液体

长，它们就会太"松散"，无法再次向流体施加必要的力。

纤毛尽管体积不大，但仍能在液体中产生足够的流量来移动一个卵子或胚胎。1982 年，当时在伍伦贡大学工作的澳大利亚数学家约翰·布莱克[1]表明，纤毛引起的流体流动足以推动输卵管中的卵子，即使人们普遍认为，输卵管中的肌肉收缩至少具有相同的效果（不是更大的话）。[2]

当胚胎以这种方式被推进子宫时，很多事情都发生了变化。现在，胚胎中的细胞开始移动和分化，因此约到第 5 天，它看起来就不再像一个光滑的细胞球了。这个"囊胚"有两种特征明显的细胞：一种是位于胚胎外表面的滋养层，有助于形成胎盘（见第 8 章）；另一种是内细胞团，最终形成婴儿。剩余的空间是一个充满液体的隔室，被称为囊胚腔。

然而，要进入囊胚阶段，胚胎需要从光滑对称的细胞球转变为滋养层和内细胞团区域。换句话说，胚胎的球对称性必须被打破。毕竟，人体可不仅仅是一个由数万亿个细胞组成的大球。[3]虽然科学家一直在研究胚胎对称性破缺的遗传和化学控制，但直到2019 年的发育研究成果取得之前，其机械或物理方面的情况在很大程度上还是未知的。该研究成果由法国巴黎居里研究所的细胞

---

[1] 布莱克对生物流体力学做出了多项贡献，其中之一就是被称为"布莱克子"（blakelet）的数学描述，它与斯托克斯子类似，描述了物体表面附近的流体流动。

[2] 有时，胚胎没有进入子宫，但仍在继续发育，并可能嵌入输卵管。这种情况被称为宫外孕，考虑到对母亲的危害，必须终止妊娠。

[3] 关于对称性如何在细胞水平上被打破的精彩描述，请参阅 Zernicka-Goetz, M., and Highfield, R. *The Dance of Life* (London: W H Allen, 2020)。

生物物理学家让-莱昂·迈特尔及其同事取得。通过对小鼠胚胎进行超快成像，他们首次发现细胞之间存在数百个微小水泡（每个水泡大小约为 1 微米）。这些水泡转瞬即逝，这可以解释为什么以前人们没有看到它们。值得注意的是，研究人员发现这种水泡可以分解将细胞结合在一起的蛋白质。

　　这些单独的水泡被认为起源于胚胎外部的液体，当它们在细胞之间流动时，它们会聚集在一起产生一个充满水的大空腔，被称为内腔。[9]当液体在内腔中积聚时，它将组建胎儿的细胞推向一侧聚集。这个过程不仅在帮助囊胚植入子宫壁方面发挥着关键作用，而且开始了定义方向（胚胎的正面和背面）的过程。迈特尔团队的工作是在小鼠胚胎中进行的，他们计划对人类胚胎进行类似的研究，看看是否有相同的机制在发挥作用。鉴于胚胎无法植入子宫是导致妊娠失败的最大原因之一，这项研究可能有助于辅助生殖诊所确定哪些胚胎最有可能植入。

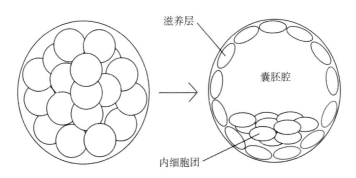

图 3-3　受孕后，胚胎中的细胞继续分裂（左）；约到第 5 天，它变成囊胚，具有内细胞团和滋养层

一旦胚胎分化发生，约到第 6 天，囊胚就开始"孵化"。实际上，它是从透明带中破壳而出，[①]并开始将自身植入子宫内膜[②]。然后，它开始锁定母体的血液供应，就像一个口渴的吸血鬼（第 8 章中有更多介绍）。一旦进入子宫内膜，胚胎就开始形成身体的轴线和轮廓。滋养层紧贴在子宫内，停留在胚胎的外部区域；但内细胞团现在开始了自己的迁移和分化，因此到第 12 天它形成了两个圆盘（被称为上胚层和下胚层）——位于胚胎的中部，有点儿像"8"的形状，底部的"o"是下胚层，顶部的"o"是上胚层。它们在中段相触，有点儿像三明治中的面包，只不过暂时没有馅料。下胚层将产生卵黄囊，在胎盘接管之前最初滋养婴儿。另一侧是婴儿将居住的羊膜腔的起点。[③]

许多令人难以置信的转变已经发生，而且在人们知道自己怀孕或进行妊娠测试之前，更多的转变即将发生。约第 14 天，上胚层和下胚层的两个夹层状圆盘开始打破对称性，胚胎的头轴和尾轴从而开始发育。这也标志着可以在人类胚胎上进行实验的终点，主要是因为此时胚胎开始发育中枢神经系统，并且从法律定义来看代表着一个人的形成，而不仅仅是一个细胞盘。[④]

---

① 由于难以进行活体实验，我们并不完全清楚子宫内是如何发生这种情况的；可能是酶消化并溶解了透明带。

② 在月经周期的这个时候，子宫内膜会因为卵巢中剩余卵泡分泌孕酮而变得更厚。

③ 有关人类胚胎发育过程的更全面描述，请参阅《生命的成形》: Davies, J. A. *Life Unfolding: How the Human Body Creates Itself* (Oxford University Press, 2014)。

④ 一些人认为，1979 年首次提出的 14 天限制应延长至 28 天，以便更好地研究一些疾病（比如先天性心脏病），并有望提高辅助生殖技术的成功率。2021 年 5 月，国际干细胞研究学会放宽这一限制，称可根据具体情况考虑对人类胚胎进行超过 14 天的培育研究。

在原肠胚形成的过程中，上胚层中开始形成一种被称为原条的结构。它开始在圆盘的边缘形成，然后生长到圆盘中，看起来就像国际象棋中的卒躺在圆盘的中心（见图 3-4）。棋子的"头"有一个特殊的名字——原结，细胞开始聚集在那里，然后穿过上胚层，在两个圆盘之间形成一个新的层，有点儿像在三明治的面包片中间注入一些果酱。这最终让胚胎分成三个不同的层。最上面是外胚层，它将形成神经系统和皮肤的上皮层。新形成的中间层称为中胚层，产生结缔组织、心脏和肌肉组织。最后，底层即内胚层，有助于形成胃肠道和呼吸道。

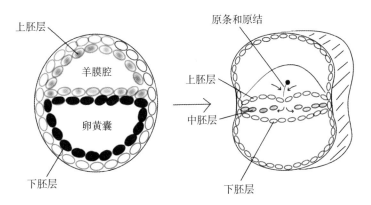

图 3-4 到第 12 天时，胚胎包含两层（左图）——上胚层和下胚层；几天后，原肠胚形成过程帮助胚胎制订身体计划，其中原条和原结开始形成（右图）

在胚胎发生这场"旋风之旅"中，胚胎在几周的时间内形成了身体的轴线。它已经区分了正面和背面、头部和尾部，还有一种主要的对称性需要打破——左右对称性。从某种意义上说，人的外表看起来是对称的。如果你站在镜子前，在身体中间画一条假想的分界线，将你从头到脚切成两部分（这个切面被称为矢状面），你会看到相对完美的对称性。[①]然而，正如我们所知，人体内部不对称占主导地位，心脏向左倾斜，胰腺、胃和脾脏也向左倾斜，而肝脏则位于右侧。器官的这种偏手性非常一致，但也有不一致的情况。

第一个发现事情可能有所不同的人是达·芬奇。尽管达·芬奇是一位伟大的艺术家和科学家，但他并没有完全正确理解性交过程的内部细节。不过，他有一些怪癖。他创造了自己的速记法，甚至将书写过程镜像处理，从页面的右侧开始向左移动。即使是他，在 15 世纪的某一天，当他研究一个死去的女人的躯干时，也感到惊讶。在解剖过程中，他发现这个女人的心脏并不像大多数人那样向左倾斜，而是向右倾斜。就像他的书写习惯一样，这是一个"正常"人心脏的镜像。现在，这种情况被称为右位心，影响着不到 1% 的人口——这些人仍然能够过上正常的生活。在大多数情况下，他们甚至不知道自己心脏的这种情况。

虽然这对像达·芬奇这样好奇的人来说一定很有趣，但他不知道，还有一种比右位心更极端的情况——体内所有内脏器官都是镜像的。这是由苏格兰医生马修·贝利首先发现的，他于 1788 年发表了解剖一具器官镜像的尸体的详细记录。[10]"打开胸腔和腹腔后，内脏的不同情况是如此惊人，以致立即引起正在解剖它的学

---

① 不尽然，至少在男性中是这样。1979 年的一项研究表明，约有 2/3 的男性左侧睾丸比右侧低。这项研究分析了希腊雕塑中的睾丸，为作者赢得了 2002 年搞笑诺贝尔医学奖。

生注意。"贝利写道。

　　这种情况被命名为"镜面人"（内脏反位，*situs inversus*），源自拉丁语"*situs*"（位置）和"*inversus*"（相反）。据估计，这种疾病的发生率为万分之一，有这种情况的名人包括西班牙歌手安立奎·伊格莱西亚斯和美国歌手唐尼·奥斯蒙。与右位心的人一样，这种疾病的患者完全有可能过着正常的生活，甚至不知道自己患有这种疾病。那么，问题是自然为什么（以及如何）如此多地选择左侧作为心脏的倾斜方向？毕竟，如果这是随机现象，那么你会预测 1/2 的人的心脏向左倾斜，另外 1/2 的人的心脏向右倾斜。事实证明，这个问题非常适合用流体动力学工具来解决，而这一切都要归功于那些小纤毛。

✤　✤　✤

　　回想发育中的胚胎，你会记得原条上的结点恰好包含 200~300 根长度约为 5 微米的纤毛。它们沐浴在一层胚胎液薄膜中，该薄膜的黏度类似于盐水，存在于发育中胚胎的所有三层细胞之间。然而，这些纤毛的内部结构与我们遇到的输卵管纤毛和精子鞭毛的内部结构略有不同。在这种情况下，它们具有"9+0"结构，即环中具有相同的 9 个微管结构，但没有中心对。这意味着它们无法执行与精子鞭毛相同的复杂运动，例如弯曲。相反，它们只是绕细胞上的固定点旋转，有点儿像将一根棍子的一端放在地上，然后将另一端绕圈移动，从而画出一个假想的圆锥体。

　　大约 20 年前，在小鼠身上进行的实验证实了这些纤毛对于破坏体内对称性的重要性。科学家发现，如果结点上的纤毛无法移动，那么一些小鼠的心脏会向左倾斜，而另一些小鼠的心脏会向右倾斜——结果似乎是随机的。[11] 因此，虽然纤毛的这种圆周运动显然是造成胚胎左右对称性被破坏的原因，但目前尚不清楚纤毛的这种圆周运动如何导致流体向左流动。

　　2004 年，在西班牙格林纳达晶体学研究实验室工作的数学家朱利安·卡特赖特领导的数学分析取得了突破。纤毛旋转的频率为 10~20 赫兹，类似于空转汽车发动机的转速。卡特赖特及其同事进行流体动力学模拟，探究如果纤毛向已建立的后部倾斜约 35 度 [12]，然后沿顺时针方向围绕这个固定点旋转，会产生什么现象。研究小组发现，在这种设置之下，可以产生左偏流，因为向左运动比向右运动对流体产生的影响更大。

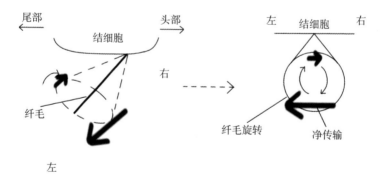

图 3-5　原结细胞上的纤毛以特定方式旋转，产生更大的左偏流，从而打破了体内的左右对称性

　　这就像从快艇后面直视螺旋桨一样。由于纤毛指向后方并顺

时针旋转，因此当向假想圆锥的底部移动时，它们会将液体扫向左侧。当它们向圆锥顶部移动时，纤毛将液体扫到右侧。纤毛向圆锥顶部的运动并不那么有效，因为纤毛靠近细胞表面（类似船的底部），所以细胞表面会抵抗该运动。然而，在圆锥的底部，纤毛的末端距离细胞最远，因此没有任何障碍，并且沿这个方向的扫掠更有效。

　　拥有一个模型固然很好，但与图灵理论一样，它必须经过实验证实。一年后，日本的研究小组在一项更大规模的实验中模拟了这种纤毛的定向。[13] 他们使用 6 毫米长的导线模拟纤毛，并将它们放置在高黏性流体中以确保维持低雷诺数。实验表明，当导线倾斜约 30 度旋转时，流体中会产生左偏流。随后，这一发现在对小鼠和兔子胚胎的实验中得到支持，这些实验清楚地勾勒出纤毛会向后倾斜，其尖端描绘出一个椭圆形。[14] 这是低雷诺数状态下发生的，所以在我们日常生活中所习惯的背景下思考这种流畅的运动会不太对劲。事情有点儿违反直觉。

　　"在低雷诺数状态下，结纤毛产生的流体流动并不像你想象的恒定向左，更像是前进两步又后退一步。"伯明翰大学数学家戴维·史密斯向我解释道。史密斯研究肺部纤毛和胚胎结纤毛，[①] 于 2005 年在伯明翰大学获得了生物数学博士学位。从这个意义上说，流体向左流动，再稍微向右流动，然后更多地向左流动——产生

---

① 史密斯的研究重点是斑马鱼的左右组织器，它被称为柯弗氏泡。由于该囊泡中的纤毛排列更为复杂，因此流体力学的研究难度更大，目前仍是一个活跃的研究领域。

使其中的"材料"更多沉积到左侧的净效应。

人们认为，结细胞底部会产生蛋白质，其中一种蛋白质因其起源被称为"Nodal"。这是一种强大的信号分子，可以影响基因表达，从而开启发育过程的某些方面。[15] 蛋白质在发育中的胚胎周围移动，开启基因以形成人体的各个组成部分，例如心脏、脊柱、肝脏和肺。关于左右对称性，我们还有很多不了解的地方，这超出了对其如何发生的基本描述，但现在我们很清楚，这些微小的结纤毛在器官的定向中发挥着关键作用，例如心脏和肝脏。就像大约 50 年前关于形态发生素的图灵模式的例子一样，胚胎中左右对称性如何被打破是数学正确预测生物系统行为的力量的另一次完美证明，尽管它们很复杂。

�֍   ✖   ✖

在过去的 10 年里，加州大学圣芭芭拉分校的生物物理学家奥特格·坎帕斯一直在研究与胚胎体如何延长（所有结构就位后的下一阶段）有关的一些力。通常，测量细胞或组织中的力需要在体外的培养皿中进行，这可以提供一些信息。但为了对发育如此迅速的活体动物进行精确测量，坎帕斯必须发明一种新技术。他没有研究小鼠胚胎，而是研究了斑马鱼。出于多种原因，斑马鱼恰好是一个很好的研究模型。一来它们是脊椎动物，二来它们丰富且便宜，但更重要的是，它们几乎完全透明，这使我们可以清楚地看到内部结构的发展。

　　21 世纪头 10 年快结束的时候，当坎帕斯在哈佛大学担任博士后研究员时，他提出了通过在斑马鱼尾巴的细胞之间注射油滴来测量力的想法——斑马鱼尾巴的长度可以在 5 小时内翻倍。在进行了一些初步调查（其中涉及超市购买的简单橄榄油）后，坎帕斯转到圣芭芭拉建立了自己的团队。然后，他开始进一步开发这项技术，这次使用了生物相容性油。他涂覆液滴并学习如何将磁性纳米颗粒加载到其中，所有这些花了大约 8 年的时间才实现。

　　为了推进研究，研究团队将单个油滴注入斑马鱼尾巴细胞之间的空间，每个油滴都装有磁性纳米颗粒。然后，他们施加磁场使液滴变形，这反过来又使组织变形。研究人员研究了液滴是否可以恢复到球形，以及需要多大的应力才能使组织永久变形。所有这些信息使他们能够生成展示斑马鱼细胞和组织机械特性的图片。通过分析颗粒被压扁的程度，他们可以测量施加在液滴上的压力，并且通过将液滴放置在不同的位置，绘制出尾巴的应力情况，以测量细胞的密集程度。

　　坎帕斯和同事发现，生长中的尾巴末端的细胞就像液体一样，它们可以自由地流动，并且组织更容易变形。他们认为，细胞沿着尾巴表面向尖端移动，然后"重新进入"尾巴，以带来更多的材料来拉长它。然而，细胞从尾部向头部移动时变得更加固定和坚硬，正是在这里开始形成最终成了动物椎骨的结构。[16] 当细胞聚集在一起时，它们像在固体中一样被锁定到位，有点儿像高速公路上的汽车突然接近交通堵塞处。这被称为"堵塞"转变，会在其他生物系统中突然出现，例如伤口愈合和癌组织形成时。

研究团队还在尾巴的细胞之间添加了荧光染料，发现尾巴尖端的细胞与另一端的细胞相比有更多的空间，细胞在尾巴尖端比在头部"摇晃"得更多。这种"堵塞"转变和头部"摇晃"不足结合起来，共同使尾巴固化，坎帕斯将其比作玻璃吹制过程中液化需要雕刻的部分，然后让它凝固。"尽管当时没有任何证据，但达西·汤普森描述的形态发生正是这个过程。"坎帕斯说，"然而，这就是我们在斑马鱼尾巴的形成过程中发现的。"尽管这项工作仅在斑马鱼胚胎中进行，但目前在德国德累斯顿工业大学工作的坎帕斯预计，从液体到固体的转变将被认可为脊椎动物（包括人类）形态发生过程的一个普遍特征。"在接下来的 20 年内，我们将了解很多有关生物物理学的知识，"坎帕斯说，"这是一个激动人心的时刻。"

❋　❋　❋

在几周的时间里，人类胚胎从第 6 天时的一团细胞发展出身体的最初轮廓，这样当你知道自己怀孕时（可能是通过妊娠试验，我们会在下一章中讨论），身体计划的基础已经形成。这种快速发育仍在继续，因此到了妊娠第 6 周，就可以在阴道超声检查中看到胚胎心跳的早期迹象；到妊娠第 12 周结束时，胚胎身体的主要轮廓几乎完全形成。

为了更好地理解这些过程，无论是在人类还是其他动物模型中，都需要来自不同研究领域的科学家之间的合作。物理学在帮助阐明这些奥秘方面的重要性现在已不再受到质疑，并且成为研究生物体塑造过程的强大工具。正如汤普森 100 多年前在《生长和形态》中所写的那样："对于（人类）身体的构造、生长和运作，就像地球上的所有事物一样，以愚见，物理学是我们唯一的老师和向导。"

第4章

怀孕概率和妊娠试验：
从小麦、蟾蜍、兔子到HCG激素

怀孕有多容易呢？毕竟，焦虑的父母经常对青春期的孩子强调："只需要一次！"在一个年轻人生活中的某个时期，他们可能会通过避孕或者禁欲来尽量避免怀孕。而当你终于想组建一个家庭，把另一个生命带入这个世界的时候，你可能会发现自己和伴侣花了几个月的时间尝试，但是你们所有的努力都没有成果。性教育课程和父母经常告诉我们，怀孕是很容易的，这是避孕行业的骗局吗？

这是一个看似简单的问题：在给定的一个月里，怀孕的机会有多大？这也是一个难以回答的问题，因为每个人的情况都不同。迄今为止，最好的尝试来自挖掘夫妇在试图怀孕时提供的详细记录。在20世纪80年代初进行的一项研究涉及221对来自北卡罗来纳州的夫妇，研究者记录了他们何时进行性行为，以及女性何时排卵——这是通过黄体生成素的激增来标记的，对应着卵泡释放卵子。在另一项于1993—1997年间在意大利进行的研究中，193名女性记录了她们何时进行性行为，以及她们对宫颈黏液的观察结果（将其分为4类）：（1）干燥，（2）湿润或湿感，（3）浓稠、奶油状白色黏液，（4）湿滑、可拉伸的清水状黏液。

20世纪90年代最大的一项研究——欧洲每日生育能力研究，追踪了782名欧洲女性试图怀孕的情况。研究人员收集了超过7 200个月经周期的数据，其中女性记录了她们何时进行性行为，以及她们对所谓的基础体温（静息状态下）和宫颈黏液的描述。在追踪女性基础体温的情况下，排卵时体温会上升不到0.5摄氏度，这可以用足够灵敏的温度计检测到。所有的研究都捕捉到了关键的参数：经过所有这些努力，是否达到了怀孕的目的。

这些调查提供了大量数据，但科学家需要用一种方法来挖掘其中的趋势。问题在于，在一个受孕周期中，可能几天都有性行为，所以很难知道是哪一次性行为导致受孕。幸运的是，通过使用简单的概率规则，可以对每一天的可能性进行一些估计。第一次尝试应用这些技术是在1969年，美国的研究人员使用了241对英国已婚夫妇收集的数据，其中女性记录了她们的基础体温，并记录下来她们何时进行性行为。[1]使用统计技术来确定一个周期中可能导致成功怀孕的概率之后，研究者发现性行为的理想时间是排卵前两天，受孕概率为30%，而排卵后的受孕概率几乎为零。这个"可能性"模型在其他研究中得到了改进，包括1980年的一项研究，该研究使用了相同的数据，发现当每天进行性行为并至少持续 6 周时，怀孕的概率为 49%。[2]

20 世纪 90 年代至 21 世纪初，杜克大学统计学家戴维·邓森和他的同事采取了一种略有不同的方法。他们使用了一种强大的技术——贝叶斯统计[①]，来分析女性的月经周期和怀孕的最佳时间。众所周知，不同女性的月经周期长度不同，甚至同一个人在不同月份也有所不同。但是统计分析显示，即使是月经周期为规律的 28 天的女性，排卵日也可能会变化。通过检查，北卡罗来纳州研究数据中大约 700 个长度为 28 天的周期，只有 10% 的周期是在第 14 天排卵的——这是你通常期望排卵发生的日子。[3] 他们还发现，一个周期中的受孕期为 6 天——排卵前 5 天和排卵当天。

如早期研究所示，排卵后第一天的受孕概率几乎为零，所以在那个时候试图怀孕没有多大意义。这项研究也证实了时间的关键性，排卵前一天怀孕的概率高达 30%。北卡罗来纳州研究的另一个有趣发现是，夫妇之间的性行为频率在排卵期达到高峰。邓森和同事发现，6 个受孕日的性行为频率比所有其他非经期日高 24%。然后，性行为频率在排卵后一两天急剧下降。[4]

由意大利帕多瓦大学的布鲁诺·斯卡尔帕领导的对意大利研究的贝叶斯统计分析发现，如果夫妇忽略了宫颈黏液的指标以及月

---

① 贝叶斯统计由英国统计学家、哲学家、长老会牧师托马斯·贝叶斯于 18 世纪初提出，是一种计算事件发生概率的技术，它不仅考虑事件发生的可能性，还考虑之前的信息，即"先验信念"。将这两方面结合起来，就会产生一个"后验信念"，根据新的证据对它进行迭代，直到找到一个好的估计值为止。贝叶斯统计是一种特别强大的方法，可以在数据嘈杂的情况下找出趋势，这种技术被广泛应用于医学和遗传学领域。

经日历，只是每周进行一次性行为，那么平均怀孕等待时间为4个周期。[5] 然而，如果他们观察黏液，但只在它处于第4种类别时且在第 13 天到第 17 天之间进行性行为，那么受孕所需的性行为天数平均为 2.42，受孕概率为 35%。这意味着平均需要 3 个周期能怀孕。至于那些对黏液得分不那么挑剔的夫妇，他们在第 13 天到第 17 天之间、黏液处于第 3 或第 4 种类别时进行性行为，受孕概率为 47%，这意味着只需要等待两个周期。所以，对那些关注日历的人来说，每隔一天进行一次性行为就够了。但是贝叶斯统计分析显示，如果你真的想优化受孕所需性行为的次数，那么关注宫颈黏液的迹象和日历是快速怀孕的有效方法。

❇　❇　❇

你可能经常在新闻中听到关于"人口定时炸弹"的问题，你那些渴望有孙子孙女的父母也可能经常提起这个问题。但是，随着越来越多的人选择在 35 岁以后甚至 40 岁出头才生孩子，这真的是一个问题吗？毕竟，你仍然可以看到年纪较大的父母推着婴儿车——只是在评论祖父母和孙子孙女共度美好时光有多棒之前，你要确认他们是不是父母。

根据欧洲的一项研究数据，邓森和他的同事发现，如预期的那样，19~26 岁的女性怀孕概率明显高于 27~34 岁的女性，而 35~40 岁的女性怀孕概率进一步下降。[6] 至于在 12 个周期内无法怀孕的女性（如果她们每周进行约两次性生活）的怀孕概率，19~26

岁的女性为 8%，27~34 岁的女性为 13%，35~39 岁的女性为 18%。所以，虽然怀孕概率确实随年龄增大有所下降，但与 20 岁出头时相比，到了 40 岁并不会断崖式下跌。

这项研究还探讨了男性的年龄对生育力的影响，发现年龄对 35 岁以下男性的生育力并无影响，但对 35 岁以上男性存在影响。如果男性和女性都是 35 岁，那么，如上所述，12 个周期内无法怀孕的概率是 18%；但如果男性年龄是 40 岁或者更大，这个比例就会变成 28%——这对仅仅 5 年的年龄差距来说是一个大幅度的跳跃。无法生育的夫妇的比例是 1%，不随年龄变化，这表明生育力随着年龄增长而逐渐衰退。这项研究还表明，一对夫妇不太可能无法生育，他们可能只是很难自然怀孕。所以，医生可能会说在考虑生育治疗前要坚持尝试怀孕 12 个月，这是经过贝叶斯统计分析结果证实的。

现在，强大的贝叶斯统计技术正被用在孕期应用程序中，这些应用程序声称只需每天输入基础体温，就能准确地识别出排卵期。然后，这些知识可以用来指导在哪一天或那一天之前进行性行为，或者作为避孕的一种方式。反过来，这些应用程序也在产生大量可供研究的数据。2019 年，Natural Cycles 应用程序的开发者对近 12.5 万名用户的超过 60 万个周期进行了分析。[7] 他们发现，用户的平均月经周期长度为 29.3 天，随着年龄从 25 岁增长到 45 岁，每增长一岁，平均月经周期长度就减少 0.19 天。[8] 对于体重指数（BMI）大于 35 的女性，月经周期长度的平均偏差是 0.4 天，比被归类为"正常"（BMI 为 18.5~25）的女性高出 14%。

这些应用程序可能会产生更多的分析结果，不仅可以进一步揭示月经周期相关信息，还可以揭示生育能力，即在一个月经周期内怀孕的可能性。

✳ ✳ ✳

一旦你和你的伴侣开始尝试怀孕的旅程，第一站就是检测是否成功。当我和妻子克莱尔发现自己即将迎来第一个孩子时，我们欣喜若狂。我仍然记得那个早晨，我凝视着验孕试纸上淡淡的蓝线，难以置信。我越看那个标记，它的颜色就变得越深，尽管它仍然比旁边的"对照线"要淡得多。这次测试是在预期的月经前几天做的，所以我们怀疑是不是臆想在捉弄我们。考虑到超市里验孕试纸的"买一送一"优惠，我的妻子在第一次测试之后又做了几次后续测试。我们看到线条变得更加明显，虽然有点儿花钱，但这是一种无害的乐趣。毕竟，这让我们接受了怀孕的事实，所以，如果一切顺利，我们可以计划在9个月后的凌晨3点看什么录像带了。

第一次测试是在12月初完成的，圣诞节期间，我们和家人住在一起，我的妻子决定再进行一次测试。毕竟，一条漂亮的蓝线会是一个很好的圣诞礼物。这个程序在圣诞节晨尿时正确地进行了，对照线开始变蓝。我们等待另一条线出现。等待……又等待。什么都没有。过了一会儿，一条颜色非常浅的线出现了，就像我们一个月前做的那次测试一样，但是这条线的颜色没有继续变深。

我和妻子两个人看着对方，没有说一句话。我们的脑中思绪翻涌。在之前出现过所有那些明显的线条之后，我们怀疑会不会正在或已经失去了这次怀孕机会？我们很崩溃。这是一个糟糕的圣诞节早晨。

但是，最终，一切都会好起来的——这都要归功于现代验孕试纸的一种特殊性。

❃　❃　❃

当今的妊娠试验非常简单，几分钟就能得出结果。但并不是从一开始就是这样。人们认为，最早的妊娠试验约在公元前 1350 年由古埃及人进行。我们之所以知道这一点，是因为考古学家发现了用象形文字写的记录，其中详细记载了这种试验的规则。几天内，女性会在大麦和小麦等各种谷物上小便。如果有一粒种子发芽并生长，就意味着这个女人怀孕了，而且这种方法甚至可以预测孩子的性别。如果大麦发芽，那就是男孩；如果小麦发芽，那就是女孩。

20 世纪 60 年代进行的研究试图用怀孕女性的尿液重复这种方法，结果显示，这种种子测试的准确率大约为 70%。对这种原始的方法来说，这个准确率并不差（尽管它无法准确预测孩子的性别，所以不要对你的下一次性别揭晓派对抱有任何期待）。[9] 这种测试之所以有效，是因为怀孕女性尿液中雌激素的含量升高，刺激了谷物发芽。

从女性在小麦和大麦上小便到出现更准确的测试方法，用了数百年的时间。这次，它依赖于检测另一种关键的妊娠激素：人绒毛膜促性腺激素（HCG）。现在我们知道，使用这种激素进行检测要好得多，因为它在妊娠期间由囊胚外表面的滋养层细胞产生——这些细胞之后会形成胎盘。[①] 在胚胎植入子宫内膜后，HCG水平最初每隔几天就会翻倍，大约在受孕后 10 周达到峰值。

最初，这种激素是在 1928 年由德国妇科医生塞尔马·阿什海姆和伯恩哈德·桑德克在怀孕女性的尿液中发现的。他们每天两次向 5 只雌性小鼠体内注射 3 毫升怀孕女性的尿液，持续注射三天，发现这样可以刺激小鼠的卵巢，使它们进入发情期。小鼠卵巢增大表明怀孕；如果卵巢保持正常大小，那么可能没有怀孕。不幸的是，为了检测是否有反应，必须杀死小鼠，解剖并检查卵巢。这种以研究者姓名首字母命名的"A–Z测试"是对发芽种子测试的一大改进，准确率大约为 98%。[10]

大约在同一时期，宾夕法尼亚大学医学院的美国医生、生殖生理学家莫里斯·弗里德曼在兔子身上也发现了类似的反应。通常，他会使用两只兔子进行测试，将大约 8 毫升的人类HCG注入它们的耳静脉。HCG的存在会在兔子的卵巢组织中形成被称为黄体和血体的结构。黄体是一个小的黄色团块，它会释放孕酮等激素，并在排卵后的卵泡附近形成。血体则在排卵后形成，在卵泡塌陷并充满血液后形成血凝块。

---

① 需要注意的一点是，HCG水平升高并不总是意味着成功或可存活的妊娠。胚胎植入输卵管的宫外孕会导致"假阳性"，某些癌症（如睾丸癌）也会产生HCG。原则上，验孕棒会告诉睾丸癌患者他"怀孕了"。

遗憾的是，就像 A–Z 测试中一样，为了检测是否发生了这种变化，必须杀死兔子并检查它们的卵巢。但这种方法比小鼠身上进行的测试快，只需要一天就能完成。[①]"这非常可靠，"弗里德曼告诉《纽约时报》，"唯一更可靠的测试就是等待九个月。"[11]

大量屠杀兔子和小鼠的行为总让人感觉不必要，人们开始寻求更人道的方法。英国动物学家兰斯洛特·霍格本登场了。20 世纪 20 年代末，他在开普敦大学研究非洲爪蟾，主要关注这种动物的激素产生过程。当霍格本于 1930 年返回英国时，他带回了一些非洲爪蟾，并将其中一些送给了他在苏格兰爱丁堡大学的同事弗朗西斯·克鲁。在一系列实验中，克鲁将孕妇的尿液注射到非洲爪蟾的背淋巴囊（位于其身体的顶部），发现大约 12 个小时后非洲爪蟾产生了卵或精子。这种方法在确定怀孕方面非常准确，成功率达到 99.8%。[12] 它比之前的方法更快速，关键是不涉及杀死非洲爪蟾，让它们得以重复使用。"谢谢你关于某女士妊娠试验的报告。你可能会感兴趣的是，一位有多年经验的全科医生、一位妇科专家和一只非洲爪蟾，只有非洲爪蟾的判断是正确的。"一位医生写信给霍格本，赞扬这种新方法。[13]

然而，非洲爪蟾测试也有阴暗的一面。由于其速度快且可重复使用，数以万计的非洲爪蟾在几十年里被测试过，当它们变得多余时，它们就被简单地遗弃在野外，并形成自己的群落。更大的问题是，它们带来了一种致命的真菌——蛙壶菌，这种真菌影

---

① 这就是委婉说法"兔子死了"的由来，用来表示某人怀孕了。

响了以前从未接触过这种病原体的本土蛙种。据估计，由于真菌入侵，全球多达 200 种蛙类灭绝。[14]

使用动物进行妊娠试验的时代结束了。

※　※　※

有小孩的人都知道，孩子们在吸引各种病菌方面的效率如何之高，然后他们会慷慨地将这些病菌带回家，感染其他人。在冬季，孩子会不断打喷嚏，或者黏液分泌旺盛，因为他们发育中的免疫系统正在抵抗疾病。当感染发生时，身体的免疫系统会遭遇入侵的病毒，并设法将其排出。一种防御方式是产生抗体，这些小的叉状蛋白质会与病毒的受体结合，抑制其活性。有时候，病毒消失后这些蛋白质还会在血液系统中停留一段时间，如果病毒在短时间内第二次出现，那么抗体会迅速识别出来并警告免疫系统，使免疫系统占据优势，这就是一些疫苗的工作原理。

在 20 世纪 60 年代，科学家开始开发用于检测尿液中 HCG 的妊娠试验，他们使用了能与 HCG 分子结合进而检测 HCG 的抗体。通过抗体检测某种分子是否存在的测试被称为"免疫分析"（又称免疫测定），这种方法在 1959 年首次用于检测胰岛素，从那时起就被用来检测癌症、非法药物、病毒和其他微生物等。[①]将免

---

① 免疫分析行业是一门大生意，据 Grand View Research 公司估计，2024 年的产值将达到 278.8 亿美元，到 2030 年将增长到 344.7 亿美元。（编者说明：此处数字已根据中文版出版时间做了更新。）

疫分析用作妊娠试验，需要做的不仅仅是在含有 HCG 抗体的溶液中加入尿液。20 世纪 60 年代初的试验中，使用了在实验室中涂覆 HCG 抗体的兔红细胞（所以，此时还没有完全摆脱动物产品）。试验用到的另一种主要成分是涂有 HCG 的绵羊红细胞。这两种组分被放在一起，如果女性的尿液中不含 HCG，那么来自兔血的抗体会与绵羊血上的 HCG 结合，形成血块。如果女性的尿液中含有 HCG，那么 HCG 会与兔抗体结合，导致绵羊的红细胞从溶液中脱落——脱落的绵羊红细胞会在容器底部形成一个红褐色的环。和古埃及的大麦苗是怀孕的象征一样，到了 20 世纪中叶，一圈绵羊血成了怀孕的象征。

考虑到任何对容器的移动都会破坏结果，这些试验最初是在精心控制的实验室环境中进行的。技术人员会将装有血尿混合物的容器排列好，并将它们直接放在镜子上方，以便他们轻松看到是否有血环出现。这个试验需要大约两个小时才能完成，如果在预计排卵日后的 22 天进行，其准确率大约为 99.8%。[15] 唯一的缺点是，它需要你去看医生并提供尿液样本，然后等待一两周才能拿到结果。

20 世纪 60 年代的一场妊娠试验革命始于玛格丽特·克兰的努力，她被新泽西州的欧加隆医药科技公司聘为自由平面设计师，负责为新的化妆品线设计包装。当她参观公司进行妊娠试验的实验室时，她见到了一排排悬挂在镜子上方的试管。了解到其中进行的是妊娠试验后，克兰确信这个过程可以被小型化和标准化，足以在家中完成。她开始设计一个包含所有实验室测试基本元素的家用妊娠试验。她向欧加隆的管理层推销这个设想，最终公司接受了这个想法，并在 1971 年获得了专利，将克兰列为发明人。[①]尽管当时有些医生对在家中进行此类试验表示反对，但第一个家用试验套件于 1978 年在美国药店售卖，价格约为 10 美元。[②]欧加隆的研究显示，家用版本的准确率约为 97%，虽然不如实验室版本高，但至少可以在自家的卫生间里完成。

在接下来的几年里，科学家开始研究不涉及动物血液的试验，通过改进合成抗体的设计，使其能够检测到 HCG。现代妊娠试验的准确性在于，它们利用了 HCG 分子上的两个特定区域（表位），抗体可以附着在这两个区域。这两个 HCG 亚基分别是 α 亚基和 β 亚基，是 1970 年纽约州立大学布法罗分校的研究人员发现的。[16] HCG 分子的 α 亚基与其他激素的 α 亚基相同，如脑垂体前叶产生的黄体生成素，这是男性和女性生殖功能相关的重要激素。然而，β 亚基是 HCG 独有的。

最终，科技的进步使得试验所需组分可以放在一种简单的条带材料上。1988 年，联合利华推出了它的 "一步式" HCG 夹心免疫分析法。条带的一端吸收尿液（通过浸入尿液或使用者直接在条带上排尿），首先进行过滤，以确保只有尿液通过。尿液渗透到条带的另一端，到达 "反应区"。这部分区域包含能连接到 HCG 的 α 亚基的活动抗体。这些抗体还附着有染成蓝色的乳胶珠。然后，

---

① 克兰以 1 美元的价格将专利权转让给了欧加隆公司，她并没有因此致富。

② 2015 年，史密森学会在邦瀚斯拍卖会上以 11 875 美元的价格买下了最初的原型机，以及第一个消费者版本的试验套件。

HCG–抗体组合随着尿液流向下一个区域——测试区[①]，这里是所有反应发生的地方。固定在这个区域的是更多的抗体，但这些抗体与 HCG 的 β 亚基结合。这种抗体是不动的，所以 HCG 的轨迹在此终止。随着越来越多的抗体被捕获，它们携带的乳胶珠开始积聚，这就是产生蓝线的原因。HCG 分子被两种抗体夹在中间，解释了夹心免疫分析法的名称由来。

　　如果尿液中没有 HCG，带有乳胶珠的抗体就会继续前进，不会与固定的抗体连接，也就不会出现蓝线。现在，抗体进入控制区，这个控制区包含不可移动的抗体。然而，这些抗体被设计成可以黏附于活动抗体而不是 HCG 分子。它们与抗体连接，然后乳胶珠再次积累，产生蓝色的对照线。所以，无论活动抗体是否吸附 HCG，对照线都应该至少呈淡蓝色。如果不是这样，试验就出了问题。夹心免疫分析法是最快速、最简单的测试方法，而 HCG 至今仍然是我们检测早孕的最好方法。[②] 正如 2006 年某款早孕测试笔的一则电视广告所说：这是"你会尿在上面的最先进的科技产品"。[③]

　　一些公司声称，他们的现代验孕棒可以早在预期中的月经缺席前 6 天就预测怀孕。尽管他们如此声称，但是事情总归是有限度的。月经来潮前 4 天的 HCG 平均水平约为 0.5 微克/升，这太低

---

① 它比图 4–1 所描述的稍微复杂一些。这些也是条带上的"阻断分子"，可以阻止不完美的结合。

② 当然，血液检测也可以用来检测 HCG 并给出绝对值，而这是验孕棒无法提供的。

③ 虽然后来改成了"你将会……嗯，你知道的最先进的技术"。

了，无法产生可靠的信号，因此即使使用现代验孕棒，准确率也只有55%。一天后，准确率提高到86%；到了本该月经来潮的当天，准确率达到99%，此时HCG的平均水平约为10微克/升。[17] 错过月经后4天，HCG水平为80微克/升。因此，无论你多么迫切地想看到结果，都应该稍稍等待一下。

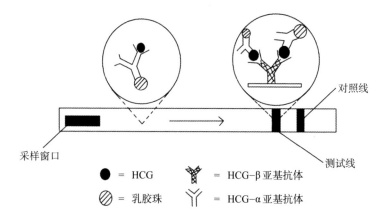

图4-1　现代妊娠试验示意图，显示尿液中存在HCG时会发生什么（改编自文献[17]）

　　而且，怀孕后期进行测试的过度热情也可能产生一些意想不到的后果，让我们说回2014年圣诞节那天的妊娠试验。在克莱尔和我参加节日活动之前，我们通过"谷歌医生"进行了快速咨询。那时，我们了解到可能影响免疫分析的"钩状效应"。在妊娠试验中，这是指血液中的HCG水平过高，以至于超过了试纸的检测范围。在这种情况下，有太多的HCG结合抗体，它们挤满了测试线上的不动抗体，因而无法正确地附着。这就像一群人试图冲向一扇门，结果只会陷入僵局。由于许多HCG抗体无法与不动抗体正确地形成夹心结构，乳胶珠无法正确传输，因此测试线比以前的颜色更淡。这种形成"正确的夹心结构"的需求，对于对照线上的抗体来说并不是必要的，因此这部分测试仍然有效。

　　从那一刻起，我们承诺不再进行更多的试验，而是尽量享受圣诞节。毕竟，再过几个星期，我们就会有终极证据来证明即将有一个宝宝，那就是超声检查结果。

第一个插曲

超声检查的物理学

怀孕期间进行常规超声检查是一种令人紧张的体验。至今，我还清晰地记得我们第一次去做检查的时候。克莱尔和我坐在医院的等候室里，其他几对夫妇也在焦急地期待着他们即将看到的东西。空气中弥漫着紧张、忧虑的气氛。经过漫长的等待，一位拿着文件夹的护士走到了等候区。"班克斯。"她喊道，我们两人急切地站起来跟着她。

那只是为了抽血检查，所以我们还得再回来。第二次被叫到时，我们终于被带到了超声检查室。在一番寒暄后，克莱尔爬上一张硬床，躺下来，掀开上衣露出腹部。"会感觉有点儿冷。"超声医师提醒说，她在克莱尔的肚子上挤了一大团无色凝胶。

护士将一个小型的手持探头放在凝胶上，然后用力按在皮肤上，同时稍微左右移动。我和妻子两人的眼睛都转向了监视器，被画面吸引住了。这是我们第一次"看到"即将出生的儿子，他在屏幕上蠕动，心脏在跳动。护士滑动探头，拍下一些屏幕截图以进行测量。"一切看起来都很好。"她对我们表示祝贺，并打印了一些照片，这样我们就可以带回家贴在冰箱上。我们在房间里的时间不超过 10 分钟，但我觉得我可以待上几个小时。那天，一批等待的准父母做了相同的检查，他们都希望听到好消息。

当人们对子宫内的小生命感到惊奇时，很容易忽视超声检查过程中同样令人惊奇的事情。MRI 等技术需要用到巨大的磁铁且运行成本高，而超声检查可以相对便宜、安全和快速地进行，同时仍能产生非常详细的胎儿原位图像。超声技术使用声波，而不是像 MRI 那样拉动人体内的质子，但这些声波是我们无法听到的，它们频率更高，或者说波长更短。[①]

我们能听到的声音和超声波之间没有根本区别，只是超声波的频率更高。你的耳朵在移动的空气粒子使耳膜振动时就会检测到声音。人类可以听到一系列频率（约 30~20 000 赫兹），但我们最擅长聆听 1 000~5 000 赫兹的声音。然而，有些动物可以听到比人类更低的频率——次声，它们的耳膜能以这些频率振动。例如，大象可以听到约 14 赫兹的声音，而鲸可以听到 7 赫兹的声音。还有其他动物能听到的频率比我们高得多。

海豚可以听到高达 160 千赫兹的声音，而大蜡蛾可以感知高达 300 千赫兹的声音频率。然而，真正的超声波专家是蝙蝠，它们通过声带或敲击舌头来产生超声波。鉴于超声波的反射能力比

---

① 波频是指在一定时间内经过某个固定点的波的数量。

我们人类能听到的声音更强，蝙蝠能用超声波来确定猎物的大小、位置、质地，甚至速度。所有这些信息处理过程都在一瞬间完成（同时针对多个物体），以便蝙蝠能够获得一幅关于周围世界的三维图像，而且这幅图像会实时持续更新。这种"回声定位"技术非常精密，从某种意义上说，它比视觉更有效。[1]虽然我们常对别人说"你像蝙蝠一样盲"，但如果蝙蝠会说话，它会反过来说"你像人一样聋"。

超声波在实验室的首次人工制造是 1880 年由法国物理学家皮埃尔·居里[2]和他的兄弟雅克·居里完成的。他们发现，某些材料（如石英和黄玉）受到挤压时可以产生电压，这种现象被称为压电效应。次年，法国物理学家加布里埃尔·李普曼[3]提出，压电效应的逆效应也应该成立：对压电晶体施加电场可以使其变形，这一

---

[1]　18 世纪末，意大利帕多瓦主教拉扎罗·斯帕兰扎尼对不同的哺乳动物进行了几次黑暗中导航的试验。他注意到，当他把猫头鹰放在漆黑的房间里时，它们拒绝飞行。然而，当他把蝙蝠带来时，它们的飞行量与在光线下时一样多。在黑暗中，蝙蝠甚至可以躲避精心设置的电线图案，这些电线上有铃铛，如果它们撞到铃铛就会发出警报。为了进一步调查（那些关心动物福利的人请移开视线），斯帕兰扎尼用一根烧红的针弄瞎了蝙蝠的眼睛，但令人惊讶的是，它们仍然能够躲开电线和铃铛。斯帕兰扎尼只有用末端封闭的黄铜管堵住蝙蝠的耳道，才能让它们撞上电线。一旦他打开管子，蝙蝠又恢复了躲避电线的能力。蝙蝠如何导航的谜题又持续了 150 年，最终由哈佛大学一个名叫唐纳德·格里芬的生物系学生解开。

[2]　皮埃尔·居里最著名的是他在放射性方面的工作，他与妻子玛丽·居里及亨利·贝克勒尔分享了 1903 年诺贝尔物理学奖（亨利·贝克勒尔于 1896 年首次发现了放射效应）。

[3]　李普曼因发明了一种记录和再现色彩的摄影技术而获得 1908 年诺贝尔物理学奖。

点很快就被居里兄弟证实了。

这种逆压电效应意味着，当对一种材料施加交流电时，晶体会经历反复的压缩和松弛，这个过程使空气快速振动以产生超声波。压电晶体的威力在于，同一颗晶体可以同时作为发射器和探测器，逆压电效应用于由电信号产生超声波，而压电效应用于将超声波转化回电信号。

压电技术的首次应用来自皮埃尔·居里的一个学生——法国物理学家保罗·朗之万，他是晶体学和磁性学的先驱。[1] 1912年泰坦尼克号沉没后，科学界开始寻找检测水下结构的方法。得到了法国政府的资助后，朗之万在1915年制造了世界上第一个"水听器"。这个设备有一个换能器，由两块钢板之间粘贴的马赛克状薄石英晶体组成。[2] 通过用换能器发射高频声波脉冲（共振频率约为150千赫兹），并测量听到从物体反射回来的回声所需的时间，就可以计算出到该物体的距离。更有效的是，它可以安置在潜艇中，用来定位敌方船只的距离。尽管压电材料在19世纪末期显示出了巨大的潜力，但超声波技术在医学领域的广泛应用花了半个多世纪的时间。不过，一旦在医学领域得到应用，它很快就在心脏病学、泌尿学和癌症检测中得到了应用。

然后，超声波技术被应用于产科学，这是一个关注孕产期的

---

① 据称，朗之万于1910年与玛丽·居里建立了关系，此时距玛丽·居里的丈夫皮埃尔在过马路时被一辆马车撞死，过去了4年左右的时间。

② 换能器是将一种形式的能量转换成另一种形式的能量的装置。在本例中，机械能被转换为电能。

医学领域。在腹部超声检查过程中发现胎儿，有点儿像在水下检测和定位潜艇。当超声波进入人体时，它们会穿过身体到达一个边界，比如软组织和骨骼之间的边界。一些声波被反射，而其他声波则继续前进，直到它们到达另一个边界。反射的波被位于探头中的压电换能器接收，并传送到一台计算机，该计算机使用组织中的声速（约每秒 1 500 米）以及每次回声返回的时间（数量级通常在百万分之一秒），来计算探头到组织或器官（边界）的距离。然后，超声检查仪在屏幕上显示反射波的距离和强度（与波幅有关），形成一幅图像。

世界上第一台可用于产科的超声波扫描仪是由伊恩·唐纳德在 1958 年制造的，他当时是格拉斯哥大学的产科学教授。[1] 在操作过程中，患者的腹部被涂上橄榄油，以确保传感器和皮肤之间没有影响信号质量的空气。然后，由两块钛酸钡压电晶体制成的探头（一个用于接收信号，一个用于发送信号）被从腹部一侧移动到另一侧，在扫描过程中由技术人员轻微地晃动。

超声成像的一个直接好处是能确定胎盘的位置（我们将在第 8 章中介绍这个物理过程）。胎盘前置，即胎盘完全或部分覆盖在宫颈上，是孕晚期严重出血导致孕产妇死亡的重要原因。20 世纪 50 年代之前，确定胎盘在子宫中位置的最佳技术是将放射性同位素（如放射性钠）静脉注射到孕妇的血液中。随着放射性同位素在体内移动，它们会发出可以用闪烁计数器（一种通过记录微弱光脉冲来检测辐射的设备）检测的放射性粒子。当放射性同位素通过胎盘时，医生可以测量放射性并粗略地描绘出胎盘的轮廓。这种技术并非没有缺点，因为它无法准确地检测胎盘的边缘，这意味着扫描可能显示胎盘的位置远离宫颈，但边缘仍然覆盖在胎盘上。然而，多亏了超声波，胎盘的整体位置可以被更好地定位，即使它在婴儿后面（更接近母亲的脊柱）。

到了 20 世纪 70 年代，由于集成电路技术的改进，实时成像得以引入。如今，传感器每秒发送和接收数百万个脉冲。[2] 现在使用的探头要小得多，而且一台典型的台式计算机已经取代了过去房间大小的机器。尽管超声波最初成功地应用于对孕期约 12 周或更大的胎儿进行扫描成像，但在 20 世纪 70 年代初期，探头的使用提供了检测心跳和通过阴道扫描仪对孕期约 8 周的胎儿进行成像的可能性。[3] 这些发展得益于超声成像与波的一种特殊属性相结合，这种属性在天文学和后来的产科学中有着尤为强大的应用。

❊　❊　❊

克里斯蒂安·安德烈亚斯·多普勒为现代超声技术的发展奠定了基础，他的一些独特思想改变了物理学。他于 1803 年 11 月 29 日在奥地利萨尔茨堡市出生。多普勒先在萨尔茨堡大学学习哲学，然后去维也纳大学学习高等数学、力学和天文学。1837 年他在布拉格的一所技术中学任教，后来转至布拉格的捷克技术大学，在那里他对天文学的兴趣日益浓厚。多普勒对地球的运动如何影响来自恒星的光的颜色，以及恒星的运动幅度是否大到能引起它发出的光的颜色变化，产生了深入的兴趣。他描述了恒星的颜色如何取决于测量到的入射光频率，并推测当光源远离或接近观察者时光的频率会发生变化。

1842 年 5 月 25 日，多普勒在布拉格的波希米亚皇家科学学会上发表了论文《论双星与天空其他恒星的色光》①。这项工作 4 年后得到改进，多普勒假设恒星的自然颜色是白色或稍微偏黄，但当恒星向观察者移动时，光的波长会收缩，频率会增加，从绿色光变为蓝色光、紫色光，最后变为不可见的紫外线。远离观察者的恒星发出的光会从黄色变为橙色、红色，然后变为看不见的红外线，其波长拉长，频率减小。尽管当时的天文仪器无法观察到恒星色光的这种变化，但多普勒意识到他的这个想法最终可能成为天文学中运用的一种强大方法。他写道："几乎可以肯定，这将在不久的将来为天文学家提供一种广泛采用的方式，来确定这些恒星的运动和距离。"[4] 多普勒关于其工作在天文学中应用的预测是正确的，如今它被用来探测太阳系外的行星，但他的理论不仅仅是关于光的，也可以应用于任何类型的波，包括所有其他的电磁波（如 X 射线）及声波。

多普勒的工作也并非没有受到批评，其中最大的批评者之一是荷兰数学家克里斯托夫·亨德里克·迪德里克·白贝罗。1845 年 6 月，白贝罗设计了一个实验，让一个铜管乐队的号手们在乌得勒支和阿姆斯特丹之间的火车上演奏单音，试图反驳多普勒的理论。[5]白贝罗和一些训练有素的音乐家站在站台上，仔细聆听火车接近

---

① 论文的德文原标题为：Über das farbige Licht der Doppelsterne und einiger anderer Gestirne des Himmels。

和远离时的声音。他们发现，当火车接近时，演奏的音调听起来确实更高；当火车远离时，音调更低。正如多普勒所描述的那样，频率正在改变。有趣的是，尽管白贝罗试图证明多普勒是错的，但他实际上证明了多普勒是对的。然而，即使结果如此明确，白贝罗也仍然拒绝接受多普勒的理论。下次你听到紧急服务车辆的警笛声时，你可以自己进行测试。闭上眼睛仔细听，你可能会注意到，随着警车或救护车的接近，声音的频率会增大，当它远离时频率会减小。

虽然天文学领域明显受益于多普勒效应，但是这一效应在被应用到其他领域之前，经历了很多年的时间。例如，现在它可以用来在高速公路上捕捉到超速行驶行为。多普勒效应的首次医学应用出现在 20 世纪 50 年代，用于研究心脏。[6] 然后，在 20 世纪 50 年代后期，华盛顿大学的生物物理学家和医生创造了一种可以探测胎儿心跳的设备。[7] 这是一种手持设备，包含一个压电发射器和接收器。任何趋向或远离发射信号的血液流动都会反射信号，而频率会略有改变，这要归功于多普勒效应。血液向探测器流动会导致频率升高，血液远离探测器则会降低频率。频率变化的幅度取决于血液流动的速度。发射和反射信号之间的这种差异可以被放大和过滤，然后在屏幕上以"多普勒模式"显示，或者通过耳机或扬声器听到。

20 世纪 70 年代，研究人员首次使用超声技术和多普勒方法来研究脐带处的血液流入和流出。[8] 在随后的 10 年里，三维/四维超声成像和对胎儿心脏复杂血流的更精确测量的引入，带来了另

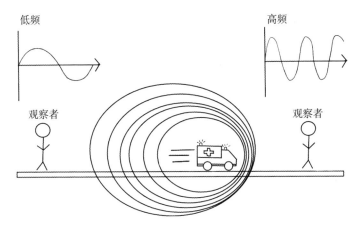

图 C-1　多普勒效应示意图：声源远离观察者（左），波的频率降低；声源靠近观察者（右），波的频率增加

一种计算方法的进步。尽管医生及美国食品和药物管理局（FDA）都建议不要在家自己使用手持探测器检测胎儿心跳，但多普勒效应也是这种仪器背后的原理。[9]

如今，超声检查已经成为产科医生的重要工具，能够快速且安全地测量胎儿的各个方面——从骨骼、头部和器官的大小，到脐带、胎盘和心脏的血流情况。考虑到超声波的多功能性，国际妇产科超声学会建议，有资源进行这项检查的国家应在孕期 11 周~13 周零 6 天为孕妇进行一次超声检查，这被称为"颈背扫描"[①]。[10]这项检查主要对胎儿的大小进行基本测量，以估计预产期。该学会还建议孕妇在孕期 18~22 周进行额外的超声检查，这被称为"解剖学检测"（AS），此时会对心脏、胎盘和其他器官进行更

① 　现在常称"NT 检查"，即颈后部透明带扫描（Nuchal Translucency scan）。——编者注

详细的测量。如果在超声检查中发现任何问题，如心脏问题，那么可以进行进一步的检测，并制订计划，以便在宝宝出生后立即提供可能挽救生命的治疗。[①]

　　除了医疗方面的好处，超声波的另一个重要作用是能让你第一次与你的小宝贝建立联系，看着他或她在子宫中踢来踢去、心脏在屏幕上跳动。所有这些，都要感谢 150 多年前取得的几项物理学进展。

---

① 在英国，每 1 000 名新生儿中就有 8 名患有先天性心脏病。

第 5 章

十月怀胎：胎动背后的生物力学

怀孕期间最令人兴奋的珍贵时刻之一（除了通过超声检查看到胎儿），就是第一次感受到宝宝的踢蹿。这样的时刻是与你的小宝宝"建立联系"的一个机会，就像他或她伸出一只手，或者更有可能是一只脚。

一般来说，约在妊娠的第 17 周，孕妇可能会感觉到最早的胎动，但是要识别这些动作有些困难。在这个时期，克莱尔告诉我，她感觉到的胎动就像是肚子里有气体通过时的颤动，或者是小小的气泡在肚子里爆开。她第一次怀孕时并没有意识到这一点，以为可能是吃了不好的咖喱食物所引起的。但是到了第二次怀孕时，她更加明确地意识到这可能是胎儿在动。从妊娠的第 20 周开始，胎动更容易被识别，并变得越来越强烈，直到孕妇不仅能感觉到，而且可以从身体外部清楚地看到——此时胎动强烈到足以使腹部的皮肤诡异地隆起。我记得这有点儿像《异形》中的"胸口破出"

场景（虽然不在胸部，也没有那么多的血）。

令人惊讶的是，胎儿在子宫内的第一次动作出现在妊娠的第7周，通常是身体的"侧弯"。如果在第8周做超声检查，你可能会看到一个小小的身影在上下震动，就好像有电流在其身体内流动一样。这个时候也标志着一系列动作的开始，到了妊娠第9周，胎儿会打嗝、移动手脚和吮吸。而到了妊娠第10周，胎儿开始呼吸，手触碰脸部，头部转动；从第11周开始，胎儿张开下巴打哈欠。[1]到了妊娠第12周进行超声检查时，胎儿已经开始有一系列的日常动作，这让试图捕捉完美图像供解剖测量的超声医师感到非常苦恼。

胎动或踢腿动作有时可能会令人感到烦恼，特别是在晚上，我家的两个男孩在这方面尤其活跃。每当克莱尔准备上床睡觉时，孩子们就会开始活动，让她在胎儿的踢蹬中努力入睡。通常，晚上能感受到更多的胎动，但我们并不知道这是否因为胎儿在这个时间段活动增多，或者只是因为孕妇们在晚上更能注意到这些动作。毕竟，她们通常会在这个时间段坐在电视前（尽情享受吧）。踢蹬动作在孕中期（大约从妊娠第13周到第28周）达到高峰，然后在孕晚期（妊娠第29周到第40周）由于子宫内空间变小而频率减少。这些动作不仅让胎儿探索环境，而且在孕晚期，可能还会帮助胎儿"绘制"自己身体的"地图"。[2]

虽然有时被胎儿踢打令人烦恼，但考虑到胎动是健康的指标，知道宝宝是快乐和活跃的也令人安心。研究表明，感觉胎动减少的孕妇有1/4的概率遭遇早产或生出低出生体重的婴儿，甚至是令人悲痛的死产。[3] 因此，女性在怀孕期间被鼓励"数胎动"，尽管这有些用词不当。实际上，应该监测的是动作模式的改变。然而，这是一件棘手的事情，因为我们并不知道什么是"正常"的活动水平，也不知道为什么有些胎儿比其他胎儿活动得更多——活动频率可以在每小时 4~100 次间变化。我们知之甚少的还有双胞胎的胎动，以及胎动是否存在一般的性别差异。[①]

另一个问题是感知。1980 年的一项研究对处于孕晚期的女性进行了超声检查，并请她们描述接受超声波扫描时的感觉。研究人员发现，大多数孕妇能准确地指出胎儿的大动作，但她们认为像假性宫缩[②]这样的事情也是胎儿在动。最重要的是，通过超声波扫描容易发现的胎动，孕妇却完全感觉不到。[4]

10 多年来，都柏林大学生物医学工程师尼亚姆·诺兰一直在研究胎儿的运动机制。她在都柏林圣三一大学获得博士学位后，开始研究鸡胚，重点研究它们的骨骼形成和调节过程——这个过程可以快速研究，因为小鸡从胚胎到孵化只需要 21 天。通过光学成像，诺兰的研究观察了小鸡如何由于在子宫（蛋）内缺乏充分的运动而使得关节出现并发症。2011 年，诺兰到伦敦帝国理工学院工作，她将注意力转向了应用同样的技术来检查胎儿腿部关节所承受的压力和应变。然而，为了做到这一点，她首先需要获取

---

① 2001 年对 37 个胎儿进行的一项小型研究显示，妊娠晚期男女胎动存在差异，男性胎儿的腿部动作更多。

② 假性宫缩：又称布—希二氏收缩，通常在孕中期或孕后期出现，被认为是假性阵痛。

在子宫内踢腿的婴儿的图像，这并不容易捕获。

幸运的是，几年后，一个名为"发展人脑连接组"（dHCP）的欧洲计划开始了，这个计划投入了大约 1 300 万美元，对 20~44 周孕期的胎儿进行了数百次磁共振成像和其他影像扫描。这个正在进行的项目的主要目的是研究人类大脑的发育。诺兰认为，她可以利用这个数据宝库来研究胎儿踢腿背后的生物力学。在翻阅数据的过程中，诺兰和她的同事们发现了超过 300 个胎儿踢腿实例，这些实例清楚地显示出腿部的伸展——这正是他们在寻找的。这使得该团队能够首次推断出，小小的大卫·贝克汉姆或梅根·拉皮诺埃在子宫中能产生多大的力量。

❀ ❀ ❀

如果你让某人说出一条物理定律，他们可能会说出爱因斯坦质能方程 $E = mc^2$，或者牛顿第二定律 $F = ma$。后者可能是你在学校接触到的第一个物理公式，由 17 世纪英国自然哲学家艾萨克·牛顿爵士提出。牛顿被誉为有史以来最伟大的科学家之一，他最为人所知的是他的万有引力理论，相传这个理论的灵感是他在伍尔索普庄园（他的成长之地）的一棵树下被掉落的苹果砸中头部后产生的。

牛顿在物理学的多个领域做出了重大贡献，从光学和流体动力学，再到通过他著名的三大运动定律奠定了经典力学的基础，他在物理学领域最著名的作品是《自然哲学的数学原理》（简称

《原理》）。这部在 1687 年出版的开创性作品引入了力的概念。力是一种改变物体运动的相互作用，比如推或拉。力的单位是牛顿（N），最简单的了解 1 N 的方式就是手持一个 100 克的苹果（或其他具有同等质量的物体）。[1]

为了理解胎儿踢腿时所产生的力，诺兰与斯特凡·维尔布鲁根及其同事利用"有限元"方法，创建了一个子宫和婴儿腿部的计算机模型。这是一种工程学领域的强大技术，也可以模拟热量在物体中的扩散或液体在管道中的流动。这通常涉及创建由数千个小元素组成的网格来建立结构的形状，无论研究对象是茶壶还是骨盆。这种分析技术的技巧在于，每一个元素都进行计算，然后合并以得出整个结构的结果。

诺兰的胎儿踢腿模型涉及的是子宫壁的有限元模拟，子宫壁厚约 6 毫米，形状像半圆。该模型在子宫的弧线内部添加了一层薄薄的半圆层，以模拟羊膜囊，当婴儿猛烈踢踹时，首先会撞击这个囊。这个囊由两层膜组成：首先是包裹着胎儿和羊水的羊膜，羊水就是围绕胎儿的液体；然后是绒毛膜，这是包裹羊膜的最外层的膜，它成为胎盘的一个重要部分。

为了推断胎儿踢腿的力量，研究人员必须考虑这两层的弹性属性，或者说刚度。一层硬挺的膜需要施加更大的力量才能弯曲，而柔韧的东西则更易于弯曲。一个衡量固体材料刚度的指标是杨氏模量，它描述的是应力（单位面积的力）和应变（由应力导致

---

[1] 使用牛顿第二运动定律（$F = ma$）进行计算：质量（m）为 0.1 kg，重力加速度（a）为 9.81 m/s^2，则 $F = 0.1 \times 9.81 \approx 1$ N。

的固体变形）的比率。①团队使用了从实验数据中得到的胎盘和羊膜的杨氏模量：胎盘类似于泡沫；羊膜则更硬，像橡胶。

研究团队使用dHCP图像测量胎儿能够使子宫壁弯曲的程度，并使用模型模拟了一个婴儿的脚产生同等程度的子宫壁弯曲所需的力量。[5]他们的工作显示，在妊娠20周时，胎儿在子宫中踢蹬的力量达到29 N——这与两岁儿童用拇指推时的力量相当。通过对孕期不同阶段的胎儿踢蹬进行同样分析，研究人员发现，踢蹬的力量在妊娠30周时几乎翻倍，达到47 N，然后在妊娠35周时显著下降到17 N。他们还发现，这种动作在妊娠20~30周可使子宫壁变形约1厘米，而到妊娠35周时只有4毫米——这提供了一个10周的窗口期，让人们可以拍摄到这种外星人般的动作。

在妊娠35周时，胎儿腿部力量和子宫壁变形量减少的简单原因是子宫内的空间变小，胎儿无法充分伸展其腿部。你可能会认为这就是问题的全部，但事实证明，这个时期对胎儿的发育来说可能比练习所有的腿部伸展动作更为关键。研究团队接下来用三维有限元方法仔细重建了胎儿骨盆及腿部的两种主要骨骼的模型：股骨（大腿骨）和胫骨（小腿骨）。他们模拟了胎儿足部对子宫壁施加力时关节的应力和应变。

他们发现，虽然胎儿对子宫壁施加的力在妊娠30周后减少，但从妊娠30周到足月，关节的应变增加，尤其是胫骨和股骨之间的关节。这种关节的应变就像在健身房做阻力训练。问题是，足

———————————

① 杨氏模量19世纪由英国科学家托马斯·杨提出。

月宝宝可以从"子宫健身房"受益，而早产儿在新生儿病房里大部分时间都躺着，没有得到腿部锻炼的益处。

诺兰表示，这种缺乏锻炼的情况可能会导致后期出现问题。对在子宫内移动不多的新生儿来说，一种高风险疾病是髋关节发育不良，大约每一千个出生的婴儿中就有一个，当骨盆和股骨（髋部的"球窝关节"）连接不当时就会发生。这在头胎婴儿中更为常见，可能是因为第一次怀孕时子宫壁稍微硬一些。如果婴儿在妊娠期处于臀位，即他们的脚而不是头处于宫颈位置，那么他们也更有可能患上这种病，因为有时需要剖宫产以避免可能的生育并发症。在这种情况下，胎儿的运动往往与非臀位的动作不同，而且通常动作会减少。

为了评估这种可能需要接受手术或佩戴髋部束带数周的病症风险，诺兰认为可以在常规超声检查期间进行踢踹能力的分析。尽管可能需要更长的扫描时间来捕捉踢腿动作，因此可能会增加成本，但可以使用一个程序从图像中自动计算踢踹的力量。尽早发现任何异常都可能带来更好的长远结果，新生儿可以接受轻柔的理疗，以激发他们在子宫中错过的东西。然而，诺兰提醒说必须小心进行，以避免早产儿脆弱的骨骼碎裂。

凭借对胎儿踢踹力量的了解，诺兰和他的同事正在研究新的方法来检测子宫内胎儿的活动程度。在医院通过超声检查胎儿的活动情况自然比不检查好，但这只能提供胎儿移动的瞬间画面。另一方面，能够提供较长时间测量的技术，如测量胎儿心跳的胎心产力描记术不够敏感，无法准确判定胎儿的运动。诺兰的团队与伦敦帝国理工学院的机械工程师拉维·瓦伊迪安纳森合作,设计了一个可穿戴的腰带状系统,该系统由 8 个小型的声传感器组成,这些传感器在腹部上均匀分布成一个圆形。[6]每个传感器都有一个膜片,覆盖在一个密封的腔室上,腔室内装有一个麦克风。当胎儿移动时,会产生低频振动,这种振动会穿过子宫并进入膜片。然后,腔室内的压力变化被麦克风捕获,并被检测为一次运动。为了从母体中辨别这些运动,该系统包含一个加速度计,类似于你的手机在你移动时检测到的那种。

这个系统已经在 44 名妊娠 24~36 周的女性中进行了试验,总共收集了 15 个小时的监测数据。这些女性在接受超声检查时佩戴这个设备,系统的目标是检测到胎儿的三种类型的移动:快速的、突然的惊跳动作,呼吸,以及较慢的全身运动。这个系统在检测到母亲可能感觉到的惊跳动作方面表现得特别好,达到了 78% 的准确率,但在检测全身运动(53%)和呼吸(41%)方面就不太准确。虽然这种技术可以区分胎儿和母体的运动,但由于对某些运动的敏感性不足,因此目前还不能实际应用,否则可能会向准父母发出错误的警告。然而,研究结果显示,声传感器或类似的技术有望在未来用于有把握地检测胎儿运动的频率。如果能够通过改进使该系统变得更加可靠,正如诺兰所计划的那样,它就可能作为胎动减少的早期预警信号,提醒孕妇去医院进一步检查。

作为一名准父亲，我没能准确知道子宫里被踢的感觉，但我更深入地了解了怀孕的真正负担。当克莱尔怀孕 6 个月的时候，我们去了一家当地的婴儿大卖场，准备把我们辛苦赚来的钱都花在我们以为会需要的东西上。就在选择是买蓝色还是白色的婴儿连指手套时，两个店员走近了我们。她们手里拿着一个奇怪的黑色背包，有一个大鼓包和一对臂悬带。其中一个问我："你想试试吗？"我不知道该说什么，所以我犹豫地点点头。我把手臂伸进臂悬带，调整到合适的位置，然后拉紧背带，让它紧贴在我的大衣上。很快我就明白，这是一个"怀孕模拟器"，有一个沉重的"前背包"用以模拟怀孕时胎儿的平均尺寸和重量。起初，它使人感觉不太重；我稍微向后弯曲身体以适应额外的重量，然后开始在卖场里摇摇晃晃地走动。我们继续去看一些奶瓶和奶嘴，一路上人们都会多看我一眼。他们以为我把对怀孕的同情心提升到了另一个层次。我只背了大约 10 分钟的模拟器，就感到走得越多它越重。当我折回去归还它的时候，我尽可能快地脱下了它，然后继续购买那些价格过高的围兜。

就在那一瞬间，我的体重增加了 11 千克，幸好，这并不是怀孕过程中的情况，那时候体重增加的速度比较慢，使身体有机会去适应。实际上，许多女性在怀孕期间会侧身自拍，以监测每周的孕肚是如何发展的。在孕早期[①]，子宫开始在盆腔中移动，即

① 从受孕到怀孕第 12 周。

使每周都仔细对准相同的框架进行拍摄，早期也没有明显的差异。然而，这种情况在妊娠 20 周左右开始改变，在子宫移入腹腔之后，轻微的孕肚开始突出。通常，这标志着怀孕的消息难以隐藏。当孕肚变得更加明显时，孕肚的尺寸（以厘米为单位）大致对应于怀孕的周数。（这种数值等价的解释超出了现代科学的范围。）例如，妊娠 30 周时，宫底高度（从子宫顶部到耻骨联合[①]顶部的长度）将约为 30 厘米。

在子宫内相对短暂的时间里体验所有这些增长，胎儿的身体产生了显著的能量需求。如第 3 章所述，那一小团细胞开始时直径约为 0.1 毫米，但 9 个月后变成了一个 3.5 千克的大家伙，从此时起到妊娠结束每周增加约 200 克。这种体重增加需要消耗大量的能量，尽管"吃两人份"的说法被过度使用且不准确。[②] 2019年，杜克大学的研究人员发现，在妊娠期间，女性的能量消耗达到了其静息代谢率（一个人在静息状态下维持身体功能运作所需的能量）的 2.2 倍。[7]

人们认为，人体的能量消耗不能超过身体静息代谢率的 2.5倍，因为到了 2.5 倍这个节点，身体消耗能量的速度比从食物中吸收能量的速度还要快，这代表了人体的能耗上限。这种最大能量需求的例子包括参加环法自行车赛或参加超级马拉松。因此，怀孕就像是一场耐力赛，研究表明，同样的生理限制阻止了铁人三项运动员连续打破纪录，可能这也是限制婴儿在子宫内能长多大

① 耻骨联合是左右耻骨之间的一个关节。

② 建议孕妇在怀孕三个月时只需额外增加 200 千卡的热量。

的因素。然而，尽管有这个明显的上限，怀孕也仍然给身体带来了重负。到了孕晚期的某个时候，胎儿的体重和体形开始影响到孕妇的稳定性。

2009 年，美国医学研究所建议，孕前体重指数正常的女性在怀孕期间体重增加 11.3~15.9 千克，或者 BMI 提高 5 个点。[8] 这些增加的重量大部分集中在腹部，比原本的腹部重量多出约 31% 或 6.8 千克。有这么重的一块突出在腹部（并且不可能有肩带辅助），而你并没有看到孕晚期的女性在忙碌时一直摔倒，这实在令人惊叹。这样的摔倒可能是一个严重的问题：跌倒是导致妊娠期间创伤性伤害的首要原因。[9] 那么，大多数孕妇如何在走动时保持身体直立呢？

❀　❀　❀

女性在怀孕期间会承受很多力，而这不仅仅来自胎儿的踢打。自身重力和胎儿的体重是其中最大的力量。请耐心听我解释为什么临产的孕妇会难以保持身体直立，这与两个和力量密切相关的概念有关：扭矩和质心。扭矩是由力引起的旋转效应。想象一下关门的过程就可以理解它。通过门把手关门比在靠近铰链处推门要容易得多，铰链处就是瞬间旋转发生的地方。① 显然，门把手之所以设置在那里，部分原因就是你离铰链越远，关门所需的

---

① 如果把这个比喻推向极端，在铰链处施加一个力是不可能把门关上的。

力就越小。

考虑身体的扭矩时，另一个关键的方面是要考虑其质心。早在公元前 250 年，希腊数学家阿基米德（他推导出圆的周长除以直径等于 π）就证明了分散在杠杆上不同点的一组重物对支点施加的扭矩，等同于这组重物集中作用在质心位置上。确定一个二维物体质心的过程，可以被认为是在寻找能支撑物体使其平衡的点。想象一下，在你的指尖上平衡一支铅笔。如果你在靠近一端的地方做这个动作（假设铅笔是均匀的），它就会绕着你的手指旋转并落下，因此产生了一个扭矩。如果你把手指放在铅笔中间，你就能够平衡它——质心在中间。当然，许多物体并不是那么简单的，如果质量分布不均，比如一端更密集，那么质心会向较重的部分移动，你需要将手指沿着那个方向移动到更远的地方，以使其平衡。因此，质心是整个物体质量集中的虚构点。

一些动物利用质心和扭矩来获得优势。对黑猩猩来说，由于它们主要用四足行走，它们的质心位于前后腿之间，离地面相对较近，这在抱小猩猩时有优势。猩猩胎儿的生长位置大致在母猩猩身体的质心，这意味着当猩猩胎儿增重时，母猩猩的稳定性在支撑基础上不会受到太大的影响。然而，就直立行走而言，人类在平衡方面付出了代价。人类的质心离地面较远，大约比脐部低 10 厘米，位于髋部顶部附近且距髋部前方约 0.5 厘米。由于质心的位置略高于髋部且位于前方，这通常会产生扭矩。我们可以不断地抵抗倾倒的趋势，但是如果在短时间内（比如怀孕期间）身体前部的质量大幅增加，就可能会带来问题。

2007 年，哈佛大学和得克萨斯大学奥斯汀分校的科学家展示了胎儿和其他附加重量（如胎盘）对孕妇质心（身体重心）的影响，以及女性身体如何进行补偿。[10]这项研究涉及 19 名妊娠期女性。研究人员在妊娠期间的 6 个等间隔时间点测量了这些女性的身体重心。身体重心的计算是基于计算机模型和一块测力板完成的，测力板基本上就是一套大型磅秤，可以在三个维度上测量地面反作用力，某种程度上类似于任天堂的"Wii Fit平衡板"。

随着胎儿在孕晚期不断生长，女性的身体重心开始从臀部向前移动，以至于在胎儿足月时位于臀部前方约 3.2 厘米处。这会导致孕妇上半身在臀部周围产生的扭矩大约是非孕妇的 8 倍，可能会加大身体失衡和摔倒的潜在风险。然而，研究人员发现，有些孕妇的身体重心向前移动，但似乎只持续到某个特定时间点，通常是在妊娠第 30 周或者当胎儿的质量约为最终总质量的 40%时。

为了找出这个时间点之后发生了什么，研究团队通过在体表的脊椎位置贴上反光标记，然后用红外摄像机跟踪受试女性站立时的反光，分析脊椎的各块椎骨所在位置。人类脊椎在底部有一个自然的向前弯曲，有助于缓解直立行走带来的额外压力。与男性相比，女性的下脊椎呈楔形，而男性的脊椎呈方形，这使得女性可以在三块椎骨以上弯曲下背，而男性只能在两块椎骨以上弯曲。从妊娠第 30 周开始，一些女性自然地将身体重心向后移，以补偿额外的质量，但这需要做一种真正的后弯动作，被称为妊娠性脊柱前凸。①

　　该团队发现，妊娠性脊柱前凸的角度（下脊柱4块椎骨之间的角度）在孕期足月的女性中约为50度，而在非孕期的女性中则为30度。角度较大会导致下脊柱弯曲更多，这有助于将身体的重心几乎恢复到孕前的位置，从而产生微小的扭矩。这种移动会增加脊柱的剪切力，可能导致背痛。然而，研究人员发现，女性每块椎骨之间的关节比男性的更大。这种增大有助于避免严重伤害，尤其是防止椎骨移动时令人痛苦地向侧面滑动。虽然这种后弯运动的机制尚未被完全理解，但由卵巢和胎盘产生的松弛素可能是一个重要的因素。松弛素的浓度约在妊娠第12周达到峰值，从而使骨盆和关节的韧带松弛度增大。[11]

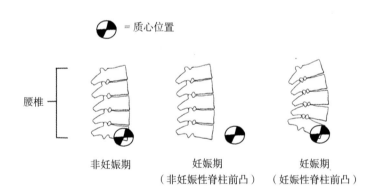

图5-1　身体的质心位于下椎骨底部周围（左图）；在孕晚期，胎儿和胎盘增加的质量会导致孕妇的身体重心从臀部向前移动（中图）；抵消这种情况的一种方法是妊娠性脊柱前凸，下椎骨弯曲以使质心回到后部（右图）

① 虽然不知道是什么变化促成了这些情况的发生，但人们发现，并不是所有的妇女都会做这种费力的举动，而且她们仍然能够将胎儿孕育到足月。

华盛顿州立大学的罗伯特·卡泰纳已经研究平衡问题超过 10 年，最初的研究重点是受伤后的变化，特别是职业伤害。2014 年搬到华盛顿州后，他将研究重点转向了孕妇的步态。卡泰纳怀疑，由于妊娠性脊柱前凸，妊娠后期的质心偏移是在行走中得以保持的，而不仅仅是 2007 年确定的静止效应。他构建了一个"人体度量"模型，希望能解答关于动态妊娠性脊柱前凸的问题。他的模型将人体分解为大约 15 个部分，以便确定每个部分以及整个身体的质心。然后，可以使用动作跟踪软件评估动态姿势，该软件测量人体在测力板上移动时身体上大约 50 个点的数据。[12]

从大腿到胳膊和脚，不仅仅是躯干，身体的每个部分在妊娠期间都会增加质量。卡泰纳的研究表明，对孕妇身体进行分段观察可以揭示为什么有些任务会导致孕妇身体失衡。例如，由于手臂质量增加，像在超市取物这样简单的事情可能会因为这个身体部分的扭矩增加而影响到平衡。但是，从某种意义上说，单单担心体重增加也属误解。毕竟，孕妇的摔倒率在孕中期迅速增加（这时胎儿的附加质量并不大），然后在孕晚期稳定下来。[13] 这可能是因为孕妇在妊娠后期的活动较少，也可能是因为随着怀孕的进展，孕妇会调整身体姿势或步态，以便与质心的偏移保持一致。这些变化包括步长的增加，即行走时两脚之间的水平距离增大，以及步幅的减小。① 这种组合不仅更好地支撑孕妇的身体，而且使

---

① 步长（step length）是指行走时一侧足跟着地到紧接着的对侧足跟着地所行进的距离，步幅（stride length）是指行走时由一侧足跟着地到该侧足跟再次着地所行进的距离。——编者注

每只脚在行走时能在地面上停留更长的时间。

总的来说，卡泰纳发现，额外增加的体重无法完全解释身体平衡的变化，这表明还有其他问题在起作用。[14]他怀疑，视力下降、注意力变化和肌肉疲劳等因素可能和妊娠性脊柱前凸一样，对身体平衡产生重大影响。他已经证明，女性妊娠性脊柱前凸的程度各不相同，而且在身高较矮的女性中可能更明显。[15]卡泰纳解释说："这并非全是机械性的，可能也有心理因素，因为女性在妊娠期会更加关注自己的身体，这当然是好的，却降低了她们对周围环境的觉察。"

根据卡泰纳的说法，在常规的孕期检查中，产科医生很少会问孕妇是否有摔倒或身体失衡问题，而这些问题有可能需要被进一步调查。有鉴于此，他想要创建一个临床工具来评估身体失衡的风险——这个工具将比仅仅基于一份简单的问卷调查来判断更客观。尽管临床环境中不会有动作捕捉能力和质心建模，但卡泰纳提出的这样一个工具可能包括一些站立平衡练习，然后通过计算机模拟推算动态平衡。卡泰纳补充说，他在这个领域的持续工作中最重要的部分是确定影响孕妇平衡的关键因素，无论是机械性的、生理性的还是心理性的。

"没有其他人群会在如此短的时间内经历如此自然的剧变。"他说，"归根结底，这是关于理解人类怀孕作为直立行走限制因素的问题。"

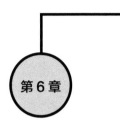

第 6 章

宫缩的奥秘：子宫收缩与生物电学

　　如果你对分娩开始时会发生什么的唯一了解来自电视或电影，那么你可能会认为最有可能的情况是在购物时"羊水破裂"，导致羊水在水果和蔬菜通道附近的地板上涌动。接下来的画面包括在医院里尖叫着使劲，然后你就会看到一对幸福的夫妇抱着一个新生儿，母亲的额头只有轻微的汗珠。

　　尽管分娩过程可能会很快，但上述顺序和速度远非常态。研究显示，在宫缩开始前羊水破裂的情况只发生在大约10%的怀孕中。[1] 对许多女性来说，她们的羊水直到开始分娩时才会破裂。在生我们的两个孩子时，我妻子都属于这10%的群体，但幸好她的羊水是凌晨的时候在家里破裂的（是的，我们有床垫保护罩）。羊水破裂远非涌出，更像是滴滴答答地流出，然后又等了几个小时才开始宫缩。大约12个小时后，宝宝出生了。我从这次经历中得到的教训是，事情的发生并不像电影中呈现的那样。

我从未感受过宫缩，也不想尝试那些宫缩模拟器，听起来就像美国中央情报局（CIA）的刑讯手段。我的妻子形容这种感觉就像所有的内脏都在同一时间被挤压，类似于食物中毒引起的严重胃痉挛。然而，我亲眼见证了宫缩产生的真正力量。在我注视着（或者应该说是帮助）我的妻子分娩第二个孩子的后期阶段，她正在分娩池中，以减轻身体负重而缓解疼痛，一次强劲的宫缩像脉动一样抬起她的整个腹部。这几乎就像是宝宝被抬起并被强行压向髋部。这是一种令人难以置信的景象，突显出人体的潜能。然而，我不能百分百确定这不是一些光的折射效果，或者可能是凌晨 3 点时困倦的眼睛在捉弄我。

所有这些推力都来自子宫，它的形状像一个倒置的梨，长约 7.5 厘米。子宫的颈部是宫颈，顶部是子宫底。子宫在怀孕期间变化迅速，但子宫壁的厚度一直保持恒定，直到大约妊娠 16 周时才开始变薄并随着胎儿的生长而拉长。子宫在孕期增长到如此之大，以至于它成为身体中最大的肌肉之一，足月时子宫重量约为 1.3 千克，而怀孕前只有 75 克。[2] 它还可以在足月时容纳约 5 升的液体，而非孕期子宫只能容纳约 10 毫升液体。

这些强力的收缩任务目的是将婴儿的头作为破城锤来缩短宫颈，然后推动婴儿通过。怀孕前，宫颈坚硬又结实，而怀孕期的宫颈由于受激素影响而变得更柔软，像一根橡皮筋。这种"宫颈成熟"是分娩前的最后一步，此时宫颈会扩张，以便让婴儿通过产道。[①] 我

---

① 分娩后，子宫恢复到未怀孕时的大小和宫颈重新闭合平均需要 6 周时间。

们可以这样想象这些收缩对子宫和宫颈的影响：拿一个乒乓球，放在一个没有充气的气球里。给气球充气，并确保乒乓球停留在气球开口的颈部底下。气球代表子宫，乒乓球是婴儿的头，气球的颈部就是宫颈。现在，把你的双手放在充气的气球顶部，轻轻推一段时间，然后放松，就像一次宫缩一样。当你多次做这个动作时，你会开始看到越来越多的球体出现在气球的颈部，就像宫颈在扩张，直到最后球弹出来，这就是"出生"。

当我和我的妻子参加产前课程时，我们被告知有许多可能引发分娩的行为。这些行为包括喝覆盆子茶、步履蹒跚地长时间散步（不要摔倒）、性行为，或者吃辣的食物。很抱歉扫了你的兴，但这些都是谣言和道听途说。这些都毫无影响。然而，根据科学研究，有一种方法可能有效：刺激乳头。2005 年的一项分析涉及 4 个相互独立的研究项目，这些研究将每个足月孕妇随机分配到"刺激组"或"非刺激组"，结果发现约 37% 的刺激组孕妇在 72 个小时内会进入分娩过程，而非刺激组孕妇的比例仅为 6%。[3] 在开始认为这就是你面临预产期将过仍不分娩的情况时找到的答案之前，你得知道其中有一个隐藏的困难之处：这需要尽心尽力，每天需要刺激自己的乳头 1~3 个小时。当然，并非每个这样做的人都会进入分娩阶段。所以，尽管付出了所有的努力，最后可能还是无效。

刺激乳头之所以能产生影响，是因为它会引发一系列事件，导致子宫收缩，从而可能诱发分娩。摩擦或滚动乳头有助于产生一种叫作催产素①的特殊激素，这种激素由位于大脑底部的豌豆大小的垂体释放到血流中。当这种激素到达子宫时，它也会刺激产生前列腺素②，进一步帮助促进宫缩。我们知道催产素有强大的效应，可以启动并加强分娩，医生会通过注射催产素来诱发分娩或帮助孕妇在婴儿出生后快速排出胎盘。③

一旦分娩开始，子宫这个成年女性生命中几乎一直处于休眠状态的肌肉器官，就会从产生不频繁、不协调、局部化且无效的收缩，突然转变为产生强烈、有节律、协调的收缩。但是，分娩也可能在预产期之前发生。根据美国疾病控制与预防中心（CDC）的数据，美国大约有 10% 的新生儿是早产儿，即胎龄不足 37 周的婴儿，其中大部分是由于宫颈问题或宫缩过早而早产的。[4] 早产是 5 岁以下儿童死亡的主要原因，每年全球约有 100 万人因此死亡。[5]

尽管我们知道激素有强大的刺激作用，但我们仍然不知道宫缩从何时开始。另一个谜团是子宫如何协调整个器官的这种行为。要理解肌肉如何进行强烈、连贯的收缩，最好的模型是心脏，它使用特殊的"起搏器"来协调全身的血液循环。是否可以用类似的方式解释子宫如何产出一个 4 千克重的婴儿呢？

---

① 通常，催产素被称为"爱情激素"。
② 前列腺素是在人体细胞中产生的分子，具有修复受损组织和引发子宫收缩等一系列功能。人工制造的前列腺素可用于引产。
③ 一些人声称分娩婴儿不需要催产素，并提出 2014 年一名脑死亡妇女能够自然分娩婴儿作为证据；见 Kinoshita, Y; Kamohara, H., Kotera, A., et al. "Healthy Baby Delivered Vaginally from a Brain-Dead Mother." *Acute Medicine & Surgery* 2, no.3 (2014): 211–213.

❄ ❄ ❄

人类的心脏在维持我们的生命方面起着至关重要的作用，每次进行医疗检查时，这个器官都会被特别关注。同样，通过孕 8 周或 12 周时的超声检查检测到胎儿的心跳是怀孕的重要里程碑。一旦得到积极的结果，你就会有信心大声宣布喜讯。虽然在那一刻之后仍可能会出现问题，但在孕 8 周检测到胎儿的心跳意味着有 98.5% 的机会"活产"。[6] 到了孕 12 周，这个比例会再提高约 1%，这通常是准父母开始向他们的父母宣布这个消息的时候，给他们的父母 6 个月的时间为照顾孩子的任务做准备。胎儿的心脏在受孕后约 6 周开始"跳动"，尽管此时还没有完全形成心脏——还需要再过 4~6 周才行。你在孕 8 周的扫描中看到的是将成为宝宝心脏的区域的颤动。这种颤动是由一组将成为未来心脏"起搏器"的细胞产生的，这些起搏细胞有能力发出周期性的电信号，使心肌细胞收缩。

英国生理学家阿瑟·基思和马丁·弗拉克于 1907 年首次在鼹鼠的心脏中发现了心脏的起搏区域，他们发现心脏有一个特殊部分（窦房结）负责心跳。[7] 后来，在其他哺乳动物的心脏中也发现了类似的区域，包括位于右心房后壁的人类心脏的窦房结。

这些窦房结中的特殊心脏细胞产生的是一个"动作电位"，这是由细胞膜电位的快速升降引起的电信号。这个电位与细胞膜两侧的离子浓度差有关，它通过心肌细胞传播，使心肌细胞收缩，从而推动血液通过心室。这个动作电位是通过这些离子在心脏细胞内外进行复杂的交互得到的，是这种交互导致了电压尖峰，这些尖峰脉冲将离子传输到相邻的细胞。[1]当离子（如钾、钠和钙，此处指所有的阳离子）进入细胞时，电压会增加；当它们从细胞中流出时，电压会降低。身体中几乎所有细胞都有"泵"，通过专门的"离子门"控制离子穿越细胞膜的速度；这些蛋白质可以打开和关闭膜中的孔道，允许离子通过。关键的是，各种离子门只有在细胞电压超过特定的阈值时才开始工作。

简单起见，我们将心脏起搏细胞的电压起始值设定为大约-60毫伏[2]，此时钠离子进入细胞，使电压上升到约-40毫伏（图6-1）。当电压达到这个阈值时，钙离子门就会打开，钙离子流入细胞，使电压突然升高到约10毫伏。然后，钾离子通道打开，钾

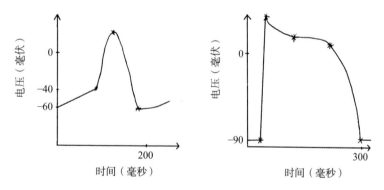

图6-1　心脏起搏细胞动作电位（左）和心肌细胞动作电位（右）的示意图，星标处表示导致特定离子门打开以调整电压的不同阶段

---

[1] 离子是带电的原子或分子。带负电的离子的电子数（电子带负电）多于质子数，而带正电的离子的电子数少于质子数。

[2] 电压的数值可正可负。

离子从细胞中逃逸出来，使电压降低到–60 毫伏，细胞放松，循环再次进行。这种动作电位的结果是，来自起搏细胞的钙离子和钠离子被输送到相邻的心肌细胞。这是通过一种名为"缝隙连接"（又称"间隙连接"）的蛋白质复合体完成的，它将细胞连接在一起。

　　心肌细胞的动作电位略有不同。它们的"静息电位"大约为–90 毫伏，在接收到来自起搏细胞的钠离子和钙离子之前都是这样。当接收发生时，心肌细胞的电压升至约–70 毫伏。然后钠离子门打开，钠离子流入细胞，这使得电压非常快速地升高，超过 0 毫伏。这反过来又使钾离子流出，直到电压下降至 0 毫伏。尽管钾离子仍然逐渐流失，但这在短时间内被钙离子流入细胞所平衡，电压从而保持相对稳定。

　　在这个阶段，钙离子与肌肉中的蛋白质相互作用，使得肌肉收缩。钙离子门在打开约 200 毫秒后关闭，而钾离子继续流失，直到电压回到–90 毫伏。然后，在另一个起搏细胞动作电位的刺激下，这个循环再次开始。起搏细胞的信号传递给邻近的心肌细胞，引发了一连串的反应，就像心脏中多米诺骨牌依次倒下。起搏细胞产生的节律冲动直接控制心率，每分钟发送约 70 次动作电位，使心脏在数十年中有节奏地向全身泵血。如果你的心跳为平均每分钟 80 次，而你的寿命为 80 年，那么简单计算能得出你的心脏在一生中会跳动超过 30 亿次。

　　心脏并不是唯一使用起搏细胞的器官。起搏细胞（也称起步细胞）也存在于肠道的平滑肌中，那里的细胞被称为"卡哈尔间质细胞"（ICC），它们产生的动作电位使钙离子进入肠道的平滑肌细胞，导致肌肉收缩，就像波浪一样帮助食物在消化道中下行。考虑到人体多个器官中都有起搏区域，人们长期以来一直认为，子宫的收缩必然以类似的方式与起搏细胞的启动相协调，比如在妊娠末期发生的那样。然而，经过了几十年的细致工作和大量搜索，人们仍然没有找到这样的细胞，而且很可能永远找不到。在某种意义上，这种缺乏专用起搏区域的情况对可能从不需要把一个宝宝挤出去的器官来说合乎情理，即使需要，它也只需要在其整个生命周期中全力以赴一两天而已。然而，心肌细胞和子宫肌细胞之间确实存在一些相似之处。

就像心肌细胞一样，子宫中的肌肉细胞（子宫肌细胞①）在某种意义上是休眠的，这归功于大量的开放钾离子通道，导致细胞极度去极化。起搏细胞有助于启动心脏的肌肉运动（事实如此），但是在子宫中并没有起到同样的效果，这意味着必定有另一个能够产生动作电位的源头。即使子宫被拉伸，例如被胎儿踢到——这将导致钙离子的释放，"阻断器"通道也会阻止任何同步行为的建立。虽然催产素可以产生动作电位，但子宫肌细胞无法像心脏中的起搏细胞一样自发地极化和去极化（或者说振荡）。

寻找子宫收缩机制的过程变得更加困难，因为子宫中的其他细胞，例如卡哈尔样间质细胞（ICLC）和成纤维细胞，在子宫扩张时起着关键的塑形作用；[8] 但它们在电传导方面是被动的，所以

---

① 肌细胞连接形成纤维结构，而纤维结构又被组织成束。

当它们受到电脉冲刺激时，信号会迅速衰减，无法传递到另一个细胞。除此之外，既然没有起搏机制，肌细胞就需要以正确的持续时间和频率协调子宫收缩。如果收缩时间过长，那么婴儿可能会缺氧。如果收缩频率过高，那么分娩过快，可能对婴儿和母亲造成伤害。没有起搏功能意味着肌细胞需要做一些特殊的事情来自我振荡，并在整个器官中同步这种行为。

❊　❊　❊

英国科学家艾伦·劳埃德·霍奇金和安德鲁·菲尔丁·赫胥黎首次发现了离子跨膜相互作用的基本规则，以及它们如何转化为细胞中的动作电位，这发生在 1952 年。这对搭档在剑桥大学生理学实验室和英国普利茅斯海洋生物协会实验室工作，他们研究的并不是心脏细胞，而是枪乌贼神经细胞巨轴突的电活动。[9]巨轴突（神经纤维）负责收缩推动头足类动物在水中前进的外套膜肌肉，平均长度约为 1 毫米——肉眼可见。①

　　霍奇金和赫胥黎通过一种被称为"电压钳"的方法来测量轴突中的电位差。这涉及仔细地将电极插入轴突。通过在各种离子溶液中进行精细实验，他们证明了神经冲动源于轴突膜上电压控制的钠离子和钾离子的运动情况。[10]通过对这些实验的建模，他们提出了霍奇金–赫胥黎模型，这是一组由 4 个相互联系的数学方程

---

① 这类似于高中生物学实验，在死青蛙的肌肉上施加一个小电压，它就会收缩。

式组成的模型，可以随着不同离子的流入和流出，跟踪细胞电位差随时间的变化。它能准确预测动作电位的主要可识别特征，如心肌细胞中所见的：上升支，兴奋峰值，不应期和恢复期。[1]

尽管这个模型很复杂，但霍奇金和赫胥黎的工作引起了其他科学家很大的兴趣，其中包括位于马里兰州的美国国立卫生研究院生物物理学实验室的生物物理学家理查德·菲茨休。他开始使用模拟计算机来寻找霍奇金–赫胥黎方程的解，并通过这种方式，对这个模型进行改造。他采用了霍奇金–赫胥黎模型的主体，并将其精简为只有两个变量的更基本的模型（霍奇金–赫胥黎模型有 4 个变量），以产生电压尖峰和弛豫。[11] 在菲茨休的模型中，就像在霍奇金–赫胥黎模型中一样，振荡是"非线性的"。线性方程意味着两个变量之间有一种简单的关系，反映在图表上是一条直线；随着一个变量增大，另一个变量也会增大。然而，在非线性系统中，输入和输出并不成比例。就一个动作电位而言，电压相对较慢地增加，然后以非线性的方式迅速放松下来。这个霍奇金–赫胥黎模型的变量简化模型，被称为菲茨休–南云[2]模型，引起了科学家的极大兴趣，并导致了可激发系统这个新的应用数学领域形成。[12] 至今，这项工作仍然很有意义，特别是对建模神经元（参见第 12 章）和其他可激发细胞来说。

在过去的 10 年里，法国里昂高等师范学院的物理学家尼古

---

[1] 由于他们的工作，霍奇金和赫胥黎获得了 1963 年诺贝尔生理学或医学奖。

[2] 南云仁一是日本电气工程师，他在 20 世纪 60 年代制造了该模型的一个实验版本，并以自己的名字为其命名。

拉·加尼耶和他的同事们一直使用这个模型来研究子宫肌细胞的动态，尤其是这些细胞如何产生自我振荡，从而转化为同步、一致的行为。他们对卡哈尔样间质细胞和其他被动细胞可能起的作用特别感兴趣。这些卡哈尔样间质细胞在子宫表面的细胞群体中占比高达 18%，在子宫平滑肌中占比下降到大约 8%。[①] 在妊娠初期，子宫肌细胞的静息电位约为 –70 毫伏，但在中期会变为 –50 毫伏。[13]

在妊娠后期，由于催产素的作用，钙离子被送入细胞内。细胞内发生了很多变化，简单来说，这种钙浪潮导致电压激增（去极化），进而打开钾通道，再次使细胞复极化，产生一个动作电位。这对单一的振荡来说是可以的，但没有起搏细胞，这还不足以维持下去。利用菲茨休–南云模型，加尼耶和他的同事们发现，一个子宫肌细胞本身无法像心脏起搏细胞那样自我振荡。它的电压会从 –50 毫伏上升到 0 毫伏，然后以非常快的非线性速度下降到 –50 毫伏，而没有任何进一步的振荡。

接着，加尼耶和他的同事在模型中加入了被动细胞[②]，并将其与一个心肌细胞连接。他们发现，在这种情况下，巨大的动态变化出现了。这是因为心肌细胞和被动细胞的静息电位存在差异。例如，卡哈尔样间质细胞的静息电位大约为 –58 毫伏，而成纤维细

---

① 子宫壁主要由三层组成。子宫内膜是胚胎最初植入的最内层，第二层是包含肌细胞的子宫肌层，第三层（最外层）是子宫浆膜层。

② 此类研究中，将心肌细胞视作主动细胞（负责收缩，如成纤维细胞），不会收缩的被动细胞（如卡哈尔样间质细胞）是与之对应的另一种系统组分。——编者注

胞的静息电位大约为-15毫伏。在这种情况下，心肌细胞会产生相同的单一动作电位，但由于被动细胞的静息电位较低，心肌-被动细胞系统的静息电位降低了。从纯理论角度来看，加尼耶发现，这个耦合系统在菲茨休-南云方程中并不是有一个"解"，而是有两个"解"。[①]这意味着系统可以在两个解之间切换，每次切换时都会产生一个动作电位。在这种情况下，对细胞注射催产素不仅会产生一个动作电位，可能还会产生多个动作电位，相邻动作电位的时间间隔足够让细胞恢复到静息电位。

接下来，加尼耶和他的同事们想要理解，由一系列相互连接的心肌细胞和被动细胞组成的系统会产生何种动态变化。关于这种行为如何在整个器官中传播，对大鼠子宫的实验提供了一些线索。实验发现，在妊娠晚期和分娩时，电导（衡量电信号通过细胞的容易程度）增至约20倍。这种巨大的传导性提升的原因，被认为是妊娠晚期打开了更多连接心肌细胞之间或心肌细胞与相邻被动细胞的缝隙连接。大鼠实验表明，缝隙连接的数量从妊娠早期每个肌细胞约50个增加到足月时的450个。[14]

为了看到传导性或缝隙连接数量的增加对系统动态变化有何影响，该团队创建了一个2D（二维）网格，由64×64个心肌细胞组成，每个心肌细胞随机连接到零个、一个或两个被动细胞。对于弱耦合或缝隙连接数量有限的情况，系统中肌细胞的集体振荡最初都不同步。有些区域可兴奋，有些则不可兴奋。随着耦合的

---

① 加尼耶说，实际上有三种解决方案，但第三种可能"不稳定"。

增加，成簇的可兴奋元素开始以相同的频率振荡，最终导致簇合并，通过心肌细胞网格产生一次共享的波动。这表明，耦合的增加不仅导致了一致的活动，而且在分娩末期随着耦合的增加，让最初不规则的兴奋性变得更加一致。[15]

"当心肌细胞与被动细胞之间的传导性较强时，解决方案并非放松至零，而是开始进行周期性波动。"加尼耶表示，他预计缝隙连接的增加可能源于催产素的效应，"至少，我们的模型可以帮助解释为何这种强力药物能如此有效地诱导分娩。"

这是一个令人好奇的结果，但它也只是一个相当简单的分析模型，模拟的是一个主动细胞与被动细胞的连接。当然，它不能重现子宫中发生的任何事情。因此，该团队创建了一个更真实的子宫肌细胞模型，考虑了可兴奋细胞的 20 个不同变量，如钾、钙和钠的离子电流。"我们花了大约一年的时间来弄清楚这个更真实的模型的相关参数。"加尼耶向我解释道，"但是，它给了我们一个可以测试并与实验对比的生理模型。"通过这个更复杂的模型，他们发现，正如以前那样，一个心肌细胞只有在与被动细胞连接或耦合时才能自振。他们还发现，如果子宫只由卡哈尔样间质细胞和心肌细胞组成，就不足以刺激振荡，必须增加成纤维细胞才能起到关键作用。[16]

当团队创建一个 50 × 50 的、更真实的心肌细胞网格时，他们发现了一些引人入胜、与此前不同的行为——网格中出现了螺旋波。螺旋波可以出现在可收缩的器官中，但通常不是好兆头。例如，在心脏中，它们可能导致心律失常。然而，子宫中螺旋波的问题在于，它们移动时产生旋涡，会导致沿不同方向的收缩，结果可能并不会有太大的变化。尽管如此，但类似的复杂波动已经在怀孕豚鼠的子宫中被观察到。[17]事实上，当团队分析这些螺旋波在网格中的传播时，他们发现，波动通过网格需要大约340毫秒的时间。考虑到心肌细胞的长度约为225微米，波动的速度约为3.3厘米每秒，这与豚鼠实验中大致一样。他们还发现心肌细胞之间的耦合强度或电导率约为12纳秒，相当于240个缝隙连接，这也与实验结果一致。

尽管这项研究表明，被动细胞和缝隙连接在子宫收缩以及整个器官如何收缩中起着关键作用，但是分娩过程研究明显存在的难题是收缩最初从何处开始。人类的成功分娩被认为与子宫收缩有关，这些强烈收缩从子宫底开始，并向宫颈脉动（这确实是我在我的孩子分娩过程中看到的情况），尽管科学家并未就此达成一致。

加尼耶和他的同事通过引入一种被动细胞梯度来模拟这种子宫底的优势，即子宫底的细胞浓度较高，向宫颈方向逐渐减少。进行模拟时，他们发现，当肌细胞之间的耦合强度较低时，整个系统中都会出现局部的小螺旋波，就像他们以前看到的一样。一旦耦合增加，波动就开始从子宫底向宫颈传播，这要归因于子宫底有更多的被动细胞。[18]目前，这只是一个假设，尚不清楚这在生理上是否准确，尽管加尼耶指出，1999年的一项研究发现子宫上部的被动细胞更密集。[19]

关于收缩的起源，还有其他可能性会带来诱人的结果——至少在大鼠身上是这样的。由华威大学的生理学家安德鲁·布兰克斯领导的英国科学家团队，对 29 只大鼠的子宫进行了数学建模和详细的肌电图记录。这涉及精心取出子宫组织的切片（每片厚几毫米，包括胎盘的植入部位），并通过电极评估肌肉的兴奋。这个跨学科团队并未仅仅在 2D 切片中进行电测量，而是构建了多层次的子宫以形成 3D 模型。通过数学建模，他们发现大部分的动作电位首先在靠近胎盘的平滑肌细胞中产生，然后扩散开来。[20]

当布兰克斯和他的同事们研究胎盘和子宫交界处的肌肉纤维时，他们发现了一种从胎盘向子宫的主要平滑肌伸出的"桥梁"肌肉结构。布兰克斯认为，在临近分娩的孕期，子宫内膜的一部分会发炎，释放前列腺素。这导致细胞中的动作电位开始产生，这些电位通过这些"桥梁"渗透到子宫中。他们将该区域的这种效应称为"子宫肌—胎盘起搏"。

当然，这一切都是在大鼠身上进行的研究，大鼠的分娩方式是一次产下多胎，胎儿一个接一个地被排出，而不是像人类那样通常一次只产一个（有时是两个）婴儿。尽管如此，布兰克斯认为，这个结果可能也适用于人类，因为有足够的证据表明存在类似的桥梁状结构连接到胎盘，但还需要更多的工作来确定。这项研究的令人兴奋之处在于，它完全指向越来越多的证据，即胚胎的植入不仅是成功怀孕的关键时刻，也可能是成功分娩的关键因素。

要完全理解子宫中发生的情况，还需要进一步的子宫组织实验室研究和理论模型研究。只有这样，我们才能知道子宫收缩如何开始、开始的原因和开始的地点，也才能开始研发应对早产或分娩时难产等问题的潜在策略。所有这些实验和模型都向我们展示，我们离揭开子宫的奥秘已经越来越近了。布兰克斯说："子宫就像体内的外星人，但我们对它的认识正在变得越来越清晰。"

第 7 章

临门一脚：用更科学的方式应对分娩

　　20 世纪 60 年代初的某一天，美国工程师乔治·布隆斯基和他的妻子夏洛特·布隆斯基参观了他们最喜欢的地方之一：美国布朗克斯动物园。在这个至今仍是美国最大的动物园之一的熟悉景点中，他们来到了大象围栏，发现一头大象在奇怪地转圈。这只动物似乎很痛苦，布隆斯基夫妇关心它的健康，于是走近一名饲养员询问情况。饲养员安抚他们说一切都好，并告诉他们这头大象正在妊娠期，他们所看到的大象行为通常是大象临产前的表现。[①]布隆斯基夫妇看着这场分娩之舞，心中满是困惑，他们边在动物园里漫步边思考。

　　当他们离开动物园回家时，大象的表演在乔治心中激发了灵感。他与妻子讨论了这个想法，两人开始思考是否可以将类似的

------

① 事实上，大象绕圈产子的说法并不正确；也许动物园管理员只是想让这对夫妇离他远点儿。

运动应用到人类身上。毕竟，对女性来说，分娩过程可能会非常缓慢和痛苦，如果能开发出一种加速分娩的方法，将是革命性的（这里有双关含义）。布隆斯基夫妇推测大象正在试图利用物理定律，来帮助100千克重的胎儿从生殖道中娩出。当大象进行这种令人眩晕的旋转时，小象会受到向心力的作用——这就是你在公园里的旋转木马边缘坐下时感受到的向内的力（关于玩具和游乐场的物理知识，我将在本书末尾详细介绍）。[①]

布隆斯基夫妇开始设计一台机器，该机器会在分娩后期对女性施加这种力。很快，他们就画出了一张基础蓝图，该蓝图涉及一个孕妇保持"分娩姿势"（双腿分开，手放在膝盖上），并被绑在一张可以旋转的圆形桌子上，就像旋转木马一样。向心力与宫缩结合，将帮助新生儿出生，并将其沿切线轨迹抛出，然后婴儿被一张"口袋形状的接收网"接住。这张网上还有一个铃铛，一旦婴儿落入网中，铃声就会响起——以防无人注意。

布隆斯基夫妇计算出，为了让旋转对婴儿产生预期的效果，孕妇需要承受巨大的力量。当宇航员从地球发射时，他们会经历大约三倍的重力加速度，[②]即所受重力相当于我们在地球上通常受到的重力的三倍。宇航员训练计划的一部分包括旋转离心机（设

---

① 奇怪的是，做圆周运动时所受的力是向内的，也就是向心力。离心力（指向外侧的力）被称为"假力"，也就是说，它和向心力是同一个力，只是取决于你使用的"参考系"。作为观察者，你觉得这个力是向心力；但如果是你自己在旋转，那么你会"感觉"到它是一个向外的力。

② 地球上的常规重力加速度用g表示，为 9.81 m/s^2。

计与布隆斯基分娩桌类似）训练，以模拟宇航员在发射过程中和之后承受的重力。然而，布隆斯基的设备最多可以每分钟旋转 60 次，最大产生 7 倍的重力加速度，约相当于宇航员所经历的两倍，如果孕妇真的经历这种情况，肯定会昏厥。很难想象在试图分娩的同时，以那样的速度被抛来抛去会多有趣。尽管如此，1965 年 11 月 9 日，布隆斯基夫妇还是获得了专利（美国专利号 3216423，一种"通过离心力促进孩子出生的设备"）。[1]

这项专利用 10 页的篇幅详细描述了如何构造这台机器，它包含 125 个部件，如混凝土地板、大量的翼形螺母、可变速垂直齿轮马达、托板和枕形夹具。① 在专利文件中，布隆斯基夫妇提出他们的设备特别适合那些"没有机会发展出分娩所需肌肉力量"的"文明妇女"，而"更原始的人们"在妊娠期已经有了"充足的体力消耗"，为她们提供了"所有必要的设备和力量来实现正常、快速的分娩"。值得庆幸的是，没有人按照布隆斯基夫妇的意图构造出这台机器。尽管在 2014 年，都柏林科学画廊在其名为"失败更好"的展览中制作了一台布隆斯基设备的全尺寸复制品，但该展览展示的是一些引人深思却失败得惨烈的想法。[2]

随着真正的医疗保健进步将我们带入 21 世纪，现在分娩比历史上任何时候都更安全——至少在发达国家是这样。根据世界卫生组织（WHO）的数据，2017 年，英国每 10 万例活产中孕产妇死亡人数为 7 人，在美国这一数字为 19 人。[3] 然而，在发展中国家，

---

① 乔治·布隆斯基和夏洛特·布隆斯基因其发明的"分娩机"而于身后被追授 1999 年搞笑诺贝尔奖公共卫生奖，该发明甚至为一部歌剧提供了灵感。

这一数字仍然居高不下，每 10 万例活产中孕产妇死亡人数多达 500 人，使得全球孕产妇死亡率为 2.11‰。尽管如此，与 2000 年相比，发展中国家的孕产妇死亡率整体下降了 38%。发达国家的数字降低要归功于教育，以及医疗进步，如剖宫产[①]——通过腹部和子宫的切口进行分娩。目前，全球约有 20% 的婴儿通过剖宫产分娩，这一比例是 2000 年的两倍（12%）。[4] 在一些国家，这一比例高达 50% 以上：多米尼加共和国为 58%，巴西为 56%，埃及为 52%。[5] 2017 年的一项工作研究了全球范围内 21 项独立的剖宫产研究，发现购买了私人保险的妇女更有可能进行剖宫产。[6] 一定程度上，这是因为医院可以向保险公司收取更高的剖宫产费用，但也有可能是因为当分娩进程减慢或不如预期时，医院更倾向于避免风险。然而，剖宫产的增加并不一定意味着更健康的婴儿。[7] 当然，有时候女性会选择剖宫产，或者出于医学上的考虑，这个程序对母亲和孩子的安全来说是必要的。然而，在其他条件相同的情况下，通过剖宫产出生的婴儿可能会失去某些好处，尤其是在出生的第一年。新生儿的肠道基本上是一张白纸，但是婴儿通过母体阴道时会被大量微生物覆盖，这对婴儿的生理影响很大，降低了患病的风险。2010 年的一项研究发现，剖宫产的婴儿并没有

---

① 你可能认为剖宫产是最近才出现的医疗干预措施，但这种技术其实已经发展了数百年。许多古代文化中都提到过剖宫产，但大多是作为一种挽救婴儿而非母亲的手术。1826 年，南非首次记录了母亲存活的情况。该手术由英国外科医生詹姆斯·巴里实施，而且不使用任何麻醉剂，取而代之的是向产妇大量供应香蕉酒。

从母体阴道中获得微生物，但是通过接触母亲的皮肤获得和从医院环境中获得。[8] 尽管通过剖宫产出生的婴儿最终会发展出由数万亿有益微生物组成的"正常"微生物群落——这些微生物生活在我们的体内和体表，但是这种早期的差异（可能持续到生命的前三年）长期来说意味着什么，我们目前还不清楚。

通常认为，阴道和产道的初始微生物在未来肠道菌群的构成中起着重要的作用，这或许可以解释为什么剖宫产婴儿在以后的生活中更易出现健康问题，如过敏、哮喘和肥胖症。通过对 700 个孩子从出生到一岁的跟踪研究，2020 年研究者发现，通过剖宫产出生的孩子发展出哮喘和过敏的概率是经阴道分娩孩子的两倍。[9] 科学家已经尝试了多种方法，来减少剖宫产婴儿出生后第一年所受影响。2016 年，科学家用母亲的阴道微生物群给剖宫产婴儿"播种"。研究人员在剖宫产手术前 1 个小时将纱布放入母亲的阴道，然后在手术前将其放入无菌容器。在婴儿出生后的 3 分钟内，医生花了 1 分钟的时间用纱布在新生儿的全身（包括嘴唇和脸部）进行擦拭。然而，这种方法是否真的帮助了剖宫产婴儿获得像经阴道分娩婴儿那样的微生物群，尚无定论。[10]

然而，任何曾经身在分娩现场的人都知道，分娩过程中推出来的往往不只是婴儿。如果你想知道产池旁边的渔网是用来做什么的，这就是答案。2020 年的一项研究显示，粪便可能对肠道菌群的播种有一定的影响。在他们的"千万不要在家里尝试"的实验中，科学家在孕妇们接受剖宫产之前获取了她们的粪便样本，然后将活的粪便细菌（大约有 100 万个细胞）与牛奶混合。在婴儿出生后，他们就给婴儿喂这种看起来并不吸引人的混合物作为首次喂养物。通过分析 3 周后新生儿的排泄物，研究人员发现这些婴儿的肠道菌群与那些经阴道分娩的婴儿相似。[11]研究人员推测，由于肛门和产道距离很近，婴儿出生时可能会摄入少量的粪便，这有助于肠道菌群的多样化。

阴道分娩可能对婴儿有一定的好处，但对女性来说，情况并非总是如此，她们可能会遭受终身的伤害。最常见的是影响会阴肌肉的会阴裂伤，这种肌肉位于阴道口和肛门之间。这种裂伤有不同的程度，从 1 级到 4 级，取决于损伤的严重程度。1 级裂伤的伤口很小且仅限于皮肤表面，通常可以自然愈合，而 4 级裂伤则可能伤及肛管本身。大约 90% 的初次分娩的母亲会有一定程度的裂伤，我的妻子也不例外，但只有大约 3% 的人会遭受 3 级或 4 级裂伤。[12]裂伤的风险因素包括初产、生大婴儿（超过 4 千克）、引产，以及使用产钳等工具。使用产钳分娩的女性，盆底肌受损的可能性是正常分娩的 4 倍——盆底肌是一系列横跨骨盆底部的肌肉。

为了让婴儿顺利通过，防止肌肉进一步撕裂，医生有时会进行一种叫作会阴切开术的手术，将阴道打开得更大一些。值得感谢的是，大多数裂伤或切口通常可以被缝合，并在几周内愈合。但是，分娩对内部肌肉的拉伸影响可能需要更长时间才能恢复（能恢复的话）。大约有 20% 的女性在阴道分娩后患有尿失禁，[13]而大约 3% 的女性患有大便失禁。[14]后者可能是由于 3 级或 4 级会阴裂伤，以及肛门括约肌的损伤引起的（肛门括约肌是位于直肠末端的一组肌肉，围绕着肛门，控制着大便的排泄）。

另一方面，尿失禁主要是由于盆底肌受损。这通常会导致打喷嚏、咳嗽、笑或做剧烈运动（如搬运重物到车上）后漏尿。完全控制膀胱可能需要 3~6 个月，有时甚至时间更长。但是，盆底肌的损伤最初可能不被察觉，只在后来的生活中通过盆腔器官脱垂表现出来，也就是一个或多个盆腔器官（如子宫）从正常位置滑落，突出到阴道中。盆底肌受损的女性患有盆腔器官脱垂的可能性大约是盆底肌未受损的女性的两倍。[15]

虽然创造一台向心力分娩机可能会使这种伤害变得更严重，但更深入地理解分娩机制可能不仅有助于减少对手术干预和"用力拉"的分娩方法（如使用产钳）的需求，至少也能帮助减少整体伤害。是否存在一种更科学甚至更智能的方式来管理分娩呢？

❀　　❀　　❀

一旦宫缩使宫颈完全扩张到 10 厘米，就会进入所谓的第二产程，这更像是尤塞恩·博尔特式的百米冲刺。这部分需要"推"：医生会告诉孕妇用力挤压她的肌肉，并调整她的呼吸与子宫收缩相一致，以提高她的腹内压力。这些动作一起增加了施加在婴儿身上的产力，帮助将其推出。对于初次分娩的母亲，第二产程大约持续一个小时。对于有过分娩经验的母亲，这个阶段可能会更快，甚至快到只需 19 分钟[16]——这就有很大可能出现以下情况：婴儿娩出时，陪产者正在洗手间或者去车里取尿布了。

尽管第二产程用时相对较短，但对婴儿和母亲来说，这是一个关键时刻。这是胎儿开始在产道中下行的时刻，胎儿要进行几个被称为"主运动"的动作，以通过骨盆。当胎儿占据子宫内的最大空间时，其头部最初会低下来，使下巴接触胸部。但当胎儿通过骨盆时，头部需要旋转以适应通过，然后颈部延伸以进一步将身体推出阴道。一旦头部出来，胎儿身体就会进行最后的旋转，以帮助肩部通过骨盆。这一刻至关重要，因为存在肩难产的风险，这种情况大约每 200 次分娩中出现 1 次，[17] 胎儿的肩部卡在母亲的髋骨后方，通常是因为胎儿体积对产道来说相对过大。

所有这些动作的必要性源于一场演化的军备竞赛，即产道宽度足以让脑袋大大的胎儿安全通过，同时又窄到足以使女性能够高效行走，二者之间达到平衡。根据演化生物学，当人类演化到能直立行走时，我们的骨盆经历了一次激变，变得更小、更紧凑，以便我们能用两只脚更好地保持平衡（这个问题在第 5 章中有详细讨论）。大脑的发展是后来的事情，这创造了"分娩困境"——大脑推动产道变宽，而用双足行走的能力则促使产道变窄。为了帮助分娩所有这些大脑袋的胎儿，女性骨盆的入口（从上往下看骨盆时看到的大开口）通常比男性骨盆更宽，也更开放。但即使是在女性中，这种形状也有很大的个体差异。

在 20 世纪 30 年代，两位美国医生根据不同的骨盆入口形状，提出了 4 种常见的骨盆类型：女型、男型、类人猿型和扁平型。他们发现，在白人女性中，最常见的骨盆类型是女型，约有 40%的女性属于这种类型。这种类型的骨盆入口横向宽于前后向，大体上呈横椭圆形，被认为是最适合阴道分娩的骨盆类型。第二种常见类型是男型，约占 30%，骨盆入口呈心形，更可能导致并发症，需要剖宫产。大约 20% 的女性拥有类人猿型骨盆，其入口呈长椭圆形，更类似于男性骨盆，可能导致分娩时间更长。最少见的类型是扁平型，形状像侧放的美式足球（橄榄球），宽而浅。扁平型骨盆使阴道分娩困难，通常需要剖宫产。[18]

了解骨盆入口的形状固然重要（尽管一些人对以上的简单分类存在争议），但是胎儿终究必须通过整个骨盆。这条路径被称为"卡勒斯氏曲线"，一条从骨盆入口经过骨盆腔体再到骨盆出口的虚构路线。2018 年，一项由英国领导的研究发现，这条路径在女性个体之间并不完全相同，而是存在相当大的差异。通过测量来自世界 24 个不同地区的 348 名女性骨骼的骨盆，研究人员发现，欧洲女性的产道特别扭曲，骨盆入口比起撒哈拉以南非洲和亚洲某些地区的女性更偏向椭圆形，而后者的骨盆入口更圆。[19] 对于那些骨盆形状扭曲的女性，胎儿在分娩过程中必须在产道中转动得更多才能通过骨盆。在 20 世纪三四十年代，有报道称，非裔美国女性在分娩过程中不必要地使用了产钳，因为胎儿未能如预期般转动，医生认为需要干预。[20] 然而，事实证明，这些女性只是骨盆结构不同，胎儿不需要像在一些白人女性体内转动那么多。

自从珍妮弗·克鲁格开始在约翰内斯堡的金山大学攻读护理和助产学学位，她就对通过产道进行的杂技般的降生过程深感着迷。1984 年毕业后，克鲁格在南非和新西兰当了 15 年的助产士，见证了分娩的各种可能性。她也是一个热衷跑步的人，完成了几次全程马拉松和半程马拉松。她特别感兴趣的一个问题是，许多顶级运动员在第二产程经常遇到困难。尽管她认为这些母亲是生育的完美对象，但克鲁格发现，胎儿的头从母亲子宫露出来，胎儿转动头部，但无法继续娩出。这个时候常常需要进行干预，比如使用产钳。

那时，克鲁格开始对分娩的机制产生兴趣，她至此为止的典型职业生涯即将变得不那么典型。克鲁格回到新西兰奥克兰大学攻读硕士学位，研究精英运动员的分娩过程。2008年她在同一所大学完成了博士阶段学习，主要研究精英运动员的盆底肌。[①]现在，克鲁格在奥克兰大学生物工程研究所工作，利用工程技术研究婴儿对盆底肌的影响，涉及的主要肌肉是肛提肌，简称LA（见图7-1）。这组肌肉位于骨盆两侧，由三块横纹肌组成（位于尿道、阴道和直肠的空隙）。

肛提肌像一个漏斗，让婴儿可以向下延伸，从前部的耻骨延伸到尾骨——位于脊柱底部的一块小三角形骨头。在分娩过程中，肛提肌最初抵抗胎儿头部的下降，但随后会拉伸以允许胎儿通过产道。有时候这些压力太大，会导致肌肉损伤，特别是耻骨处的肌肉。随着第二产程延长，损伤的可能性也会加大，这可能导致肌肉完全或部分从耻骨脱落，从而在以后的生活中导致尿失禁和盆腔器官脱垂。

为了模拟婴儿的头部通过骨盆和骨盆底时发生的情况，克鲁格和同事们对27名女性进行了磁共振成像扫描，每位受试者的扫

---

① 精英运动员为何更难分娩，目前还没有完全搞清楚，但有人认为这是因为她们的盆底肌更坚韧。

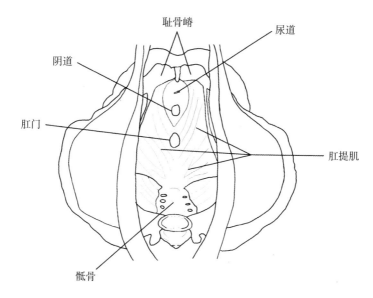

图 7-1　女性骨盆的轮廓，包括盆底肌

描图像超过 100 张。这个团队仔细审查了每一张图像，挑选出骨盆底各块肌肉（包括 LA）的图像。利用这些详细的数据，他们使用有限元方法（第 5 章中解释了如何用这种方法理解子宫中胎儿的踢动）创建了一个包括骨骼和肌肉的骨盆模型。克鲁格和博士生燕霞妮（音译）也使用计算机体层成像（CT）[1]从 9 天大的婴儿身上得到的数据，创建了一个胎儿头部的有限元模型。虽然骨质的头部和骨盆被固定在原位，不能变形，[2]但骨盆底的肌肉可以抵

---

[1]　CT 结合了一系列从不同角度拍摄的 X 射线图像，并使用计算机处理来创建骨骼、血管和软组织的横截面图像，提供的信息比 X 光片更详细。

[2]　严格来说，婴儿的头部并非如此。我们知道，胎儿头部在分娩过程中会发生巨大变形，有时会像锥状糖一样。

抗头部的压力，然后伸展以适应它。

他们使用实验数据中的肌肉刚度值来运行模拟程序，在虚拟"分娩"过程中，胎儿的头部通过骨盆向下移动。[21]之前的模型通常会预设头部的路径，即它通过产道时的卡勒斯氏曲线。但是，克鲁格及其同事没有对胎儿头部通过产道的过程设置任何此类限制。当他们让模拟程序进行时，他们难以置信地发现，胎儿的头部与骨盆底接触，但随后头部自行转动，准确模拟了分娩过程中的情况。"看到模型中的头部转动真的很激动人心。不知怎的，胎儿通过产道时找到了'能量最小值'——这就是物理学！"克鲁格向我解释道。

通过计算，克鲁格及同事预测，胎儿头部通过产道所需的力会随着头部通过而增加，最大值约为 30 N [22]。[①]通过添加和删除各种肌肉的数据并重新运行模拟程序，他们可以确定降低分娩所需力的最重要因素是什么。你可能会预料到，最大的影响因素是胎儿头骨的大小，但也出现了一些令人惊讶的特征，例如，肛提肌裂孔面积越小，所需的力就越大，这些肛门或阴道的肛提肌裂孔在分娩过程中可以拉伸至约 2.5 倍大小。小的裂孔比大的裂孔受力更多。

这项初步研究的一个目标是找到一种量化分娩过程中受伤风险的方法。这可以通过基于少量特征的个性化风险评估来实现，比如胎儿头部的大小、骨盆的轮廓，以及估算的盆底肌刚度值。

---

① 正如我们在第 5 章中学到的，这个力与两岁孩子用拇指推时的力差不多。

前两者可以通过常规的超声检查获得，但克鲁格承认，由于对孕妇进行此类检查有困难，获取肌肉特性的度量有些棘手。然而，可能的话，这个模型可以用来计算分娩的个性化力图。克鲁格意识到，进行有限元计算需要耗费大量的时间，一个人就可能需要花费一周的时间，这在临床环境中显然是不可行的。为了解决这个问题，她的团队提出了一种只需几分钟的统计技术。这种方法输入少量的骨盆和头部几何形状数据，然后基于已经进行的有限元计算，通过统计外推来计算产力。[23]

该模型仍有许多问题需要解决，比如需要对盆底肌的机械性能有进一步的理解，这些问题都会导致估算的力偏大。但是，随着不断改进，它可能会是一种帮助临床医生制订更好的分娩计划的方法。"每当我们向临床医生介绍这些模型时，他们都非常喜欢，"克鲁格说，"但我们首先需要确信自己可以给他们提供可靠的预测指标，然后才能在临床环境中使用。"

❈　❈　❈

任何见证分娩过程的人都知道，分娩并不仅仅是胎儿通过坚实的肌肉和骨骼组成的通道，还有许多液体参与其中，如血液和羊水。机械工程师梅甘·莱夫特威克认为，液体的作用是分娩过程中被大大忽视的一方面。莱夫特威克过去和现在的研究中，有不少都是关于会游动的动物的力学机制。在普林斯顿大学攻读博士学位时，她研究了像蛇一样的海蟒鳗鱼，这些生物就像直接从恐怖电影中走了出来，圆嘴中排列着锋利牙齿。她发现，这些动物的柔韧身体使它们能够在水中力行，利用它们的鳍做到这一点。现在，她的许多工作涉及海豹的游泳能力，海豹通过前鳍状肢而不是身体后部的任何部分（如尾巴）推动自己前进。

就在研究吸血鬼般的海蟒鳗鱼时，莱夫特威克怀孕了。考虑到她的博士研究主要围绕流体动力学展开，她对自己即将经历的分娩过程的力学原理产生了好奇。她开始在科学文献中寻找关于分娩过程流体动力学的研究，但令她惊讶的是，几乎找不到这类资料。与此同时，她的儿子出生了，等她适应了换尿布、喂养和完全睡不着的生活后，她又回到了实验室，于 2010 年拿到博士学位。两年后，她转到华盛顿特区的乔治·华盛顿大学继续研究，开始从流体动力学角度思考如何分娩。

莱夫特威克有一种预感，子宫中的液体可能是降低分娩所需力量的关键因素，但她需要找到一种实验方法来测试它。分娩时的主要液体是羊水，它在子宫中的比例大约为 20%。羊水主要由水组成（约占 98%），其余的主要是脂质（脂肪酸类化合物）、蛋白质和葡萄糖。在像子宫这样的大容器中，羊水表现得像水一样。但在较小的尺度上，例如胎儿的头被产道压缩时，它可能会呈现出奇特的性质，这要归功于占比 2% 的脂质和其他物质，使它在帮助婴儿顺利通过产道方面发挥重要作用。

要理解这可能产生的影响，我们需要研究液体在受到力影响下的行为，这个问题最早在 17 世纪末由艾萨克·牛顿解释。除了提出运动定律和万有引力定律，他还是第一个使用数学来模拟流体运动的人，例如通过改变流速来对液体施压时会发生什么。牛顿发现，不同液体的表现非常不同。对于一些流体，无论施加多大的力，其黏度都不会改变。这些被称为牛顿流体，包括水和空气。在这种情况下，无论水是缓慢地流下窗户，还是在河流中快速流动并受到来自流量增加的力，其黏度都大致保持不变。

不被视作牛顿流体的流体被称为非牛顿流体，它们会根据所施加力的多少改变其黏度。如果你在家里觉得无聊，或者因为大流行病而再次被困在家里，你可以制作完美的非牛顿流体。你需要做的就是混合水和 1.5~2 倍量的玉米粉，结果是得到一团不寻常的液体，当你使它变形时，它会表现得很奇怪。它肯定可以让一个幼儿至少开心地玩上 5 分钟，但也肯定需要花更长的时间来清理。非牛顿流体有很多种类型，具体取决于它们如何响应施加于其上的力。有些在压力下变得"更稠"，而有些变得"更稀"或者流动得更快。后者被称为"剪切稀化"，这意味着当流体变形或者被施加剪切力时，流体的黏度会减小。

剪切稀化材料，如油漆，往往呈果冻状。当你把油漆涂在画笔上时，它可能会很黏稠。但是，当你开始将它涂在墙上时（对其施加力），它会变稀，使涂抹变得容易。另一个例子是番茄酱。如果你把一瓶番茄酱倒置，可能会有一些番茄酱慢慢地流出来。然而，如果你猛烈摇晃这瓶番茄酱（或者更好的做法是敲击瓶颈），你就能让更多的番茄酱流出来。当力被施加到番茄酱上时，番茄酱会稍微变稀，其黏度降低，更容易从瓶子里流出来。这种剪切稀化的非牛顿流体也在自然界中存在。例如，2017 年科学家发现青蛙利用剪切稀化的唾液捕捉猎物。当唾液击中昆虫时，它会变稀并在昆虫身上扩散，使得昆虫被青蛙收缩的舌头困住。[24]

为了研究这种可能的黏滞效应对分娩机制的影响，莱夫特威克制造了一个人造乳胶子宫，大小大约只有足月妊娠的真实子宫的1/4，就像底部有一个孔的气球。她的团队将这个"子宫"悬挂在一个由不可拉伸的绳子固定的框架中心，并在里面装上水，以匹配羊水占比18%的体积。然后，她插入了一个坚实的椭圆形木块，以代表子宫中的胎儿头部，大小约为新生儿头部平均尺寸的1/4。木块的一侧有一个小钩子，因此可以用标准测力计测得的力量将其从"子宫"中拉出。[25]

莱夫特威克和同事以不同角度插入模拟胎儿头部的木块，其中0度对应的是他们觉得理想的情况，即胎儿和母体的脊柱对齐。这种情况下从"子宫"中拉出"头部"需要的力量最小，因为这时椭圆形最窄的部分穿过孔洞，所以这个结果在预期之中。但是，当"头部"的角度增加到约20度时（偏离了完美对齐，并增加了"头部"与"子宫"的孔洞接触时的宽度），正如你可能期望的那样，所需力量略有增加。据报道，这种错位的程度可能比你想象的更多。例如，1993年的一项研究发现，大约25%的分娩过程中有约20度的头部错位。[26] 到目前为止，这还算简单。但是，当角度超过大约30度时，把"头部"拉出"子宫"所需的力量迅速增加，这表明此时以这样的角度、用像产钳这样的方法取出它是不可能实现的——这些方法通常都需要用力拉。

但这只是使用水的情况。莱夫特威克和同事开始研究当液体的黏度增加时会发生什么，他们通过用白醋替代水来实现这一点。莱夫特威克和她的团队认为，增加黏度会使拉出"胎儿头部"所需的力量变大。然而，他们发现情况相反，将羊水的黏度增加30%，可以使拉力平均减少约50%。这是一个相当大的差异，莱夫特威克认为，这种非牛顿流体效应可能在分娩过程中起作用。婴儿挤压羊水，改变了流体的性质，因此减少了推出所需的力量。

当然，羊水并不是分娩时唯一存在的液体。是的，有很多血液（非牛顿流体），但还有一种奇特的像蜡或奶酪一样的白色物质，叫作"胎脂"，它覆盖在新生儿的皮肤上。一旦新生儿出生，助产士就用毛巾擦去这些东西。胎脂在子宫中有多种角色，尤其是保护未出生婴儿的皮肤免受感染及羊水的影响，因为没有这种保护的话，胎儿的皮肤会发皱和皲裂。胎脂含有比羊水中更大量的脂质和蛋白质，莱夫特威克怀疑它在液态时是高黏性的非牛顿流体。考虑到黏度在分娩中起着重要的作用，莱夫特威克怀疑这种奶酪状物质可能在分娩过程中起润滑剂的作用，它可能比羊水在分娩中的角色更重要。

莱夫特威克承认她的设定相对简单，但这是因为从流体动力学的角度来看，我们对流体在分娩过程中的作用知之甚少。莱夫特威克将这种情况比作20世纪70年代的心脏流体动力学研究。只有经过几十年的研究，才能不断完善和改进观念，得出我们今天拥有的非常先进的模型。"最初关于子宫的很多研究都是基于获得立竿见影的结果，或者减少孕产妇死亡的目的进行的，而不是关注过程本身以及如何改进它。"莱夫特威克说。

在这个意义上，分娩过程的实验模型要简单才行，以便在它们变得更复杂之前，我们能够了解其重要特征。也许改进策略中最重要的方面是使出生模型更加真实（无论是克鲁格的盆底模拟，还是莱夫特威克的流体动力学实验，都是如此），以纳入考虑胎儿头部通过产道时发生的巨大变形。婴儿的头骨并不像成人那样是单一的骨板，而是由被称为骨缝的坚韧组织连接在一起的几个部分组成。[1]这些骨缝使得头骨的板块可以相互滑动，类似于地球岩石圈的构造板块因地壳中的常规力量而移动。

胎儿的头部大到出生时几乎会被压扁。通过产道时，胎儿头部最多可以变形 10 毫米，相当于平均头骨大小的 10%，以便它更容易地通过产道。[27]当我们的第二个孩子出生时，他的头特别像锥状糖（尽管有所变形，但通常在几天内就会恢复正常）。大部分头骨在出生后不久就会啪的一下（并不是说会真的发出这种声音）恢复原状，但有些人的头骨并不会，而是会保留锥状糖形状（有点儿像长椭圆形的圆锥）一段时间，尽管这没有任何明显的健康影响。

我们还需要了解很多东西。莱夫特威克正计划通过 3D 打印胎儿头部来增加实验的复杂性，比如让乳胶子宫内的"胎儿头部"有一层柔软、可变形的皮肤，类似硅胶。她还计划最终使用一个

---

[1] 当几条骨缝交汇在一起时，就形成囟门，囟门在使头骨具有足够的灵活性以利于大脑生长方面起着关键作用。新生儿头骨上会有多个囟门，但后脑勺和头顶上的囟门最为人熟知。摸囟门相当容易，如果用手指从前额顶部中央往后脑勺方向摸，就会在靠近头顶的地方摸到一处凹陷。

骨盆形状的结构，以及一个充满真正的羊水的子宫（尽管这并不容易，不仅因为获得医院和患者的合法同意有困难，还因为从孕妇那里收集羊水的实际问题）。但这些挑战不太可能阻止莱夫特威克。"如果对分娩时流体动力学的更深入理解能让一些女性避免不必要的剖宫产或避免使用产钳，"她说，"那么这一切都是值得的。"

现代尿布的工程学设计

在宝宝出生前，你可能会发现自己购买了一些最后并不真正需要的东西，但有一件物品出生时肯定需要，那就是尿布。实际上，你可能会做的第一件育儿之事就是给新生儿换尿布。很可能也是你第一次这样做，那会增加你的紧张感，因为每个人都在看着你。

当时机来临时，你可能会从产包里抓出一片尿布（如果你使用的是一次性用品），让婴儿平躺，抬起两条小腿，把半个展开的尿布滑到婴儿身体下方。然后放下双腿，把尿布的前部拉到肚子上，再把侧边的黏性标签贴上固定。太简单了。然后，你会发现尿布前后穿反了，得再来一遍。

尿布里的第一份内容，除了一些尿液，可能还会有胎便，这是婴儿的第一次排便。它是黏稠的，通常呈深绿色——幸运的是没有味道。它由婴儿在子宫里摄取的物质组成，如细胞、黏液、羊水和胆汁，以及胎儿皮肤上的细小毛发。如果这本书里只有一条育儿建议，那就是：在你给新生儿换尿布之前，先在婴儿的干燥屁股上涂一层薄薄的凡士林，这样会更容易清理掉胎便。虽然大多数新手父母都做好了应对胎便的准备，但把它从婴儿身上清除掉需要花多长时间，仍然让人感到惊讶，所以要坚持使用凡士林。

包裹婴儿既是为了给他们带来安慰，也是为了保护他们不被自己的尿液和粪便弄脏，这种做法可以追溯到古代。当时这涉及用像棉花或亚麻这样的材料做成条状物，然后绕在婴儿身体上，有时这些条状物会留在那里好几天。[1] 还有另一种选择，特别是在温暖的气候下，那就是根本不用尿布。父母喂养时等待婴儿排便，然后把婴儿放在容器上或者灌木丛中排泄。后一种选择避免了布料接触尿液和粪便时带来的主要问题——它会粘在娇嫩的新生儿皮肤上，导致像皮炎这样的病症。皮炎是一种皮肤瘙痒、起疱和开裂的病症，到 20 世纪初，还有比例高达 25% 的穿尿布的婴儿受到这种病症的影响。

许多创新导致了我们今天所知道的尿布出现，首先是 19 世纪中期安全别针的发明，它安全地提供紧密贴合，以防尿液渗漏。20 世纪 40 年代又取得了更多的进步，首先是一次性尿布的创造。它起初是矩形的，有一个由非织造材料①制成的塑料覆盖层，内部是吸收尿液的纸巾层。这种分层系统允许吸收大约 100 毫升的尿液，然后尿布就会渗漏并需要更换。[2] 20 世纪六七十年代的尿布引入

---

① 这是一种非针织或机织的织物，通常由纤维黏合而成。

了纤维素浆芯、尼龙扣和沙漏形尿布，并使用热塑性聚丙烯材料，这会让婴儿的皮肤更舒适。1979 年，美国消费品巨头宝洁公司（帮宝适品牌的所有者）为一种基于溴酚蓝的湿度指示剂申请了专利。这种染料在干燥时是黄色的，但当它处于尿液这样的碱性环境中时，它会变成蓝色，这至少给出了尿布已经达到最大容量的一些指示。1987 年的一项创新在尿布上加入了弹性侧袋，这提高了其包含粪便的能力，甚至包括"爆炸性液化粪便"。

尽管有这些改进，但尿布仍然并非无懈可击。正如每个家长都知道的，总有某个时刻，婴儿会产生超出现代尿布容纳能力的另一级别的"粪便爆炸"。当这种情况发生时（比我希望的更常见），我或我的妻子会大喊"漏了！"，另一个人放下所有的事情来帮忙。通常，这会导致液态粪便从婴儿的背部漏出（因为婴儿大部分时间都躺着），完全弄脏了婴儿的衣服——通常是祖母买的面料优良的工装裤。这是因为尿布并未被真正设计用来捕获从背部漏出的大量腹泻物。相反，它真正擅长的是吸收大量的尿液，这全靠一些聪明的化学和工程学技术。

❋　❋　❋

尿布是一门大生意。预计到 2025 年，全球一次性尿布的市场价值将达到 650 亿美元。[3] 如果一个婴儿只使用一次性尿布，预计在人生第一年结束前父母至少需要购买 2 500 片尿布。在最终学会如何使用马桶（这是另一个挑战，这本书不涉及）之前，每个孩子还需要更多的尿布。[4] 一次性尿布导致全球产生了 3 900 万吨废物，[5] 例如，在英国，它们占所有家庭垃圾的 2%~3%。[6] 在有穿尿布孩子的家庭中，一次性尿布占家庭垃圾的 50%，居于垃圾填埋场中单一消费品的第三位。[7] 考虑到它们需要大约 500 年才能分解，认为它们对环境有害完全没错。这使一些人开始转而使用可重复使用的尿布，这种尿布可以清洗后重复使用，而不是在一次使用后就被扔掉。

然而，2008 年英国环境署的一项研究发现，可重复使用尿布对碳排放的影响可能并不如你想象中那样好，主要是因为洗涤大量可重复使用尿布所需的能源。[8] 在他的书《一只香蕉的低碳生活》（*How Bad are Bananas?*）中，迈克·伯纳斯-李得出了类似的结论。[9] 他发现，一片一次性尿布会产生 130 克的二氧化碳当量[①]，但是在 90 摄氏度下洗涤一片可重复使用的尿布，然后进行烘干，会产生 165 克的二氧化碳当量。[②] 就环保而言，最好的选择是在 60 摄氏度下洗涤大量的尿布，然后在晾衣绳上晾干，接着将它们传给第二个孩子使用。这个过程产生的二氧化碳当量为 60 克，不到一次性尿布二氧化碳当量的 1/2。最后，就尿布类型的选择来说，并没有完美的选择。给大家一个更直观的比较：一家人乘飞机度假一次，就可能抵消掉环保地使用尿布所节省的碳排放量，可能还会超过很多。

一次性尿布能量需求的减少，主要是因为创新技术使它们比

---

① 这是用产生相同影响的二氧化碳量来衡量某一项目或活动所产生的所有温室气体对气候变化的总影响。

② 当然，这取决于有关国家的能源结构。这里使用的是英国的能源结构数据。

以前更紧凑、更轻薄。如今的尿布之所以有效，要归功于它们的多层结构，这种结构引导尿液远离婴儿的皮肤。起到关键作用的结构有三层，最薄的顶层，或者说最接近婴儿皮肤的那层，是由聚丙烯制成的，它的作用是将尿液传输到更深层。

这个网状层也有防水效果，尽管这似乎很奇怪（毕竟，尿布的目的就是吸水），但聪明的地方在于，这一特性取决于液体移动的速度。当液体以约 2 米/秒的速度被喷射到尿布上时（婴儿小便时就是那样），尿液就会透过。然而，如果一滴液体被轻轻地滴在尿布表面，那么它不会被吸收，而是停留在表层。喷射的尿液会通过，而尿布内部的液体根本不会反流，这样就能保持婴儿的皮肤干燥。

在尿布的更深层就是所谓的激增层，也被称为集液层。这是另一个工程学奇迹，用到了三张不同的纸片，每一张纸片上都有不同大小的孔供液体通过。这一切都与我们在第 9 章中将要学习的毛细力有关。在最顶层的纸片中，孔的大小相对于中间和下层的纸片来说比较大，后者有许多小孔。

这种设计使得集液层能够做到三件主要的事情。一是像一个单向阀门一样工作，让液体从大孔流向小孔，但不能反流。二是大孔能快速让液体进入，使其远离婴儿的皮肤。三是（由于毛细力的作用）下层纸片中的小孔有助于液体在尿布中分散开来。这意味着，虽然尿液可能在某个点或区域进入尿布，但当它到达集液层的底部时，它已经均匀地分散开来（至少理论上是这样），并准备好进入第三层（最后一层），那里是所有化学反应发生的地方。

❀ ❀ ❀

一个婴儿平均每小时产生约 15 毫升的尿液，所以 9 个小时会产生 135 毫升（约半杯）的尿液。为了让婴儿整晚保持干爽，尿布需要能够吸收相当的尿液量。如果做不到这一点，婴儿就会因为湿湿的腿或床单而醒来，这对任何人（尤其是需要再次换床单的缺觉父母）来说都不是好事。因此，尿布需要使用一种能够极好地吸收水分或尿液的材料。

20 世纪 60 年代，美国农业部的研究人员正在寻找一种这样的材料，但他们的目的是保持土壤的湿度。早期的尝试包括将聚合物①"接枝"到淀粉分子上，加入水时这些淀粉分子会膨胀，变成厚厚的透明凝胶。他们的尝试产生了一种新的聚合物——聚丙烯酸钠，这是一种所谓的超吸收材料，能够吸收几百倍于自身重量的液体。大约花了 10 年的时间，这种材料才在面向消费者的产品中得到应用，首先是在卫生巾和尿不湿产品中。1980 年，美国跨国消费品公司强生申请了一项专利，在尿布中使用这种材料。[10] 其他公司也开始使用这种超吸收聚合物，包括宝洁公司的"帮宝适"牌尿不湿。

除了试图给一个小脚乱蹬（有时还会尖叫）的婴儿穿上尿布，涉及尿布的最大难题之一就是决定尿布何时需要更换。用 pH 作为指示器可能相当粗略，2013 年，马萨诸塞州阿特尔伯勒的学生进

---

① 聚合物是由许多重复的单体组成的长链分子。

行了一个实验。他们使用盐水来模拟尿液，发现 pH 指示器显示的容量在 50~85 毫升（大约 1/4 到 1/3 杯）[①]——低于实际的最大容量。[11] 这意味着可能造成很多浪费，父母们更换的尿布可能远未达到最大吸水量。

为了解决这个问题，麻省理工学院的研究者正在开发一种智能尿布，不仅可以测量尿布何时达到最大容量，还能告诉你何时需要更换尿布——这在尿布被各种连体衣藏起来的时候可能会派上用场。这种智能尿布要用到一个放在超吸收聚合物层下面的湿度传感器。[12] 当这一层变湿时，它会膨胀并变得稍微导电，尽管导电性非常微弱。研究团队在尿布中置入一个小领结形状的射频识别标签，它会发出无线电波，当这个标签与聚合物层凝胶中的水接触时，它产生的微小电流会被传感器捕捉到。然后，这个电流被用来向一个距离可达一米远的读取器发送无线电信号。读取器连接互联网，然后向你的手机发送消息，通知你需要更换尿布。

研究人员表示，这种标签成本低，可以一次性使用，还可以像条形码标签一样打印在成卷的独立贴纸上。鉴于此，这种标签可以被嵌入每块尿布，也可以用来检测健康问题，如便秘或尿失禁。作为第一步，这些尿布可能非常适合在新生儿病房使用，那里的助产士需要照顾许多婴儿。当然，尿布不仅仅适用于婴儿。这种标签也可以用在成人尿布上，对那些可能感到尴尬而不愿报告自己需要更换尿布的病人来说，这是很有用的。

---

① 接受测试的"好奇"牌纸尿裤在显示已满之前，尿量确实达到了 130 毫升。

无论未来的技术创新是什么，一个科学永远无法解决的问题是谁更换尿布。我们只能猜测，这个问题可能让伊朗工程师伊曼·法拉巴赫什感到压力巨大（他来自德黑兰的阿米尔卡比尔理工大学），所以他设计了一个可以代替他完成这项工作的设备。他的婴儿自动换尿布机在 2018 年获得了美国专利，这是一个洗衣机大小的装置，需要将婴儿放在其倾斜的坡道上。[13] 婴儿通过几条安全带被固定，以"防止婴儿滚下来"。然后，一个类似叉子的机械臂会把婴儿身上的脏尿布取下来，放入机器内部的垃圾桶，接着座位附近的两个喷头会以"理想水温"清洗婴儿。[①] 之后，干燥器会完成剩余的过程，然后新的尿布会通过机械臂和夹子"卷"在婴儿身上。

根据网站上的信息，这个装置的价格大约是 1 000 美元，适用于 3 个月到 5 岁的婴儿，换一次尿布需要两分钟。如果这个产品真的上市了，可能仅仅是针对那些腹泻的情况，就值得花费这个成本。

---

① 法拉巴赫什凭借他的装置获得了 2019 年搞笑诺贝尔奖工程学奖，并创办了 BabyWasher 这家公司。

第 8 章

神秘的胎盘：血液交换背后的动力学

　　我曾经期待着能在我们的第一个孩子亨利出生时剪断脐带。这感觉像是一个成年的时刻，而且看起来很简单——至少从电视上看别人做起来是这样的。除了鼓励你的伴侣分娩，这也是陪产者能做的唯一有用的事情。问题是，在你第一次见证分娩后，你看着到处都是的血和恶心的东西（以及新生儿），以至于意识不到其他正在发生的事情。突然间，你手中被递上一把剪刀，这样助产士就可以开始处理混乱的局面了。

　　剪断脐带比看起来要困难。剪刀看起来非常钝，就像是儿童版的安全剪刀，而且脐带出奇坚硬。第一次剪脐带的时候，我没有完全意识到这有多困难，用力拉扯几次才剪断。然而，等到我们的第二个孩子埃里奥特降生时，我确认自己已经准备好了。这并不意味着我可以带自己的园艺剪刀，而是说我做了更果断的切割。脐带之所以坚硬，是因为脐带中的血管（一条脐静脉和两条脐动脉）被一种叫作华通胶的物质包裹着，这种物质的硬度类似于橡胶。它们还呈螺旋状盘绕在一起，因此变得很坚硬。

血液通过唯一的脐静脉流向胎儿，胎儿的血液则通过两条脐动脉流回胎盘。脐带一端与婴儿相连，另一端与胎盘相连（胎盘是怀孕期间特有的器官，直接连接母亲和胎儿）。过去的约 6 个月，胎盘一直在为胎儿提供氧气和营养物，比如脂肪酸、蛋白质和维生素；而胎儿则回馈代谢废物，如二氧化碳、激素和尿素（尿液的主要成分）。分娩后，胎盘仍留在子宫内，一旦脐带被切断，婴儿就获得了自由。但胎盘还没有准备好它的盛大出场。它必须先从子宫分离才能被"分娩出来"，这被称为第三产程。[①] 通常，这需要在婴儿出生后约 10 分钟才会发生，[1] 如果注射了催产素，可能会更早。当亨利出生时，我太专注于盯着这个新生命，没有注意到胎盘娩出。然而，到了埃利奥特降生时，我确定自己看得很清楚，胎盘娩出后被丢进一个白色的盆里。它看起来像一只刚被冲上海滩的紫色水母。它有一张错综复杂的静脉网，看起来很惊人，像一块扁平的蛋糕[②]（没有恶心人的意思）。

当然，胎盘一开始并没有这么大。它的旅程从受精开始，人们认为胚胎还是一个实心的细胞球、被称为桑葚胚时，胎盘细胞首先分化。[2] 囊胚阶段，大约在受精后五六天，细胞球包含两种不

①　分娩的第一产程是持续宫缩导致宫颈完全扩张到 10 厘米，第二产程是胎儿通过阴道并娩出，第三产程是胎盘娩出。

②　这大概就是胎盘的拉丁语单词意为"蛋糕"的原因。更不用说有些人会吃它，声称它能带来健康益处。

同类型的细胞：形成婴儿的内细胞团和形成胎盘的胚外层——滋养层（第 3 章中有解释）。滋养层侵入子宫壁内层的子宫内膜，并对其进行重塑，这有点儿像癌瘤。从孕早期的一堆细胞开始，胎盘很快开始建立基本结构。最终呈现的是一张胎儿血管的网络，它们分枝形成"绒毛树"——有点儿像日本盆景的微型树状结构。这些绒毛树沐浴在母体血液中的"绒毛间隙"。这听起来有点儿恐怖，事实上也是如此。胎盘就像把 50 棵连接在一起的盆景树倒立在盛满血液的鱼缸顶部，其中的血液要归功于底部几条动脉的泵送。

　　胎盘的首要任务是接入母体的血液供应，有点儿像口渴的吸血鬼，但其接入方式需要精心控制。子宫内的母体血液来源于一种奇特的"螺旋"动脉，如其名字所示，它像螺旋开瓶起子一样盘绕。螺旋动脉从子宫动脉中出现，开始于子宫肌层并延伸到子宫内膜（子宫的最内层，可在第 6 章中了解更多子宫壁分层的详细信息）。[3] 在妊娠早期，化学信号吸引了数百个叫作绒毛外滋养细胞的特殊细胞，它们位于绒毛树的顶端。这些细胞开始向子宫内膜大迁移，侵入子宫组织。它们包围了狭窄的螺旋动脉入口点，突破进入，然后沿着血管行进。在这里，绒毛外滋养细胞做了两件不可思议的事。第一件事，它们将螺旋动脉的直径扩大了 4 倍，从怀孕前的 50 微米扩大到约 200 微米。这种重塑减慢了血流的速度，使富氧血慢慢渗透，整个胎盘中氧分布得非常均匀，甚至能到达其边缘。

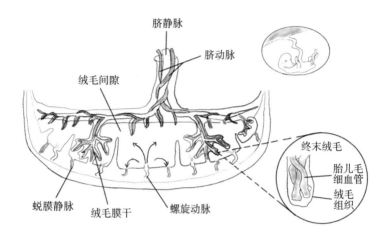

图 8-1　胎盘示意图

动脉的扩张至关重要，因为如果它们保持狭窄，那么血流将会非常快，形成涡旋或小旋涡，使富氧血在胎盘周围分布不均，最终限制胎儿的生长。螺旋动脉重塑失败被认为可能是导致先兆子痫的原因，这是一种影响母体和胎儿血流速率的高血压。妇女在怀孕期间会接受先兆子痫的检查。它对胎盘的影响可能导致全球范围内约 5% 的妊娠出现胎儿生长受限的情况。[4] 这种生长问题可能会导致后期的并发症，如糖尿病甚至死亡。不仅胎儿的生长受到影响，胎盘也受到影响。通常，生长受限的胎儿出生后，测得的胎盘重量比正常妊娠的胎盘小约 25%。

绒毛外滋养细胞侵入的第二个重要方面是，它们沿着动脉行进，聚集在一起，像一个塞子一样阻止血流。这些栓塞的长度约为 7 毫米，在 20 世纪 60 年代被首次识别出来。[5] 人们曾经认为这些栓塞完全不透水，就像酒瓶的软木塞那样阻止任何血液通过。

但现在看来，即使完全堵塞，它们也允许血浆（血液的清液部分，携带着血细胞）进入胎盘。然而，如果在胎盘发育初期血流过多，涌流的力量基本上会把终末绒毛的软组织撕裂，将过多的富氧血输送到胎盘，导致高氧血症或氧中毒。[6]

堵塞的动脉反而会导致血液流入胎盘，这有点儿像你用来浇草坪的喷头。人们还不确定动脉是如何解除堵塞的，这一过程最早在妊娠第 6 周就开始了。据估计，到了孕早期结束时，大约有30~60 条螺旋动脉被打开，此时母体的富氧血完全进入胎盘。这大约是胎盘接管卵黄囊的工作，开始滋养正在发育的胎儿的时候，[7]因此这个转变代表了胎儿发育的关键时刻，如果动脉解堵存在问题，就可能会导致流产。

来自新西兰奥克兰大学的艾丽斯·克拉克 10 多年来一直研究胎盘滋养层侵袭和螺旋动脉堵塞的问题。她在澳大利亚阿德莱德大学获得数学博士学位后，2008 年移居新西兰，在那里她研究了肺部的血液运动。2010 年，一位对一名婴儿的尸检结果感到困惑的胎盘生物学家找到了克拉克，这名婴儿的肺部有胎盘的碎片。这位生物学家想知道胎盘的这些碎片是否会影响肺功能。在这次调查过程中，克拉克开始看到人类肺部和胎盘之间的紧密联系。

克拉克和她的团队使用了在肺部研究中开发的技术，从怀孕期间死亡的女性的子宫切片图像中获取解剖测量数据。这展示了孕期各阶段栓塞的结构，克拉克利用这些数据构建了一个血液通过螺旋动脉流动的机械模型，以理解解堵过程是如何进行的。克拉克和同事们将一条堵塞的动脉视为充满更小球体的圆柱形管道，其中的这些球体代表了堆积的细胞；这些细胞被放置在管道中，其布局与在之前的图像中看到的类似细胞密度相对应。这个模型不仅考虑了来自母体的血液流动的力量，还考虑了堵塞物的分子力——这些力量让它们保持在一起，也可以将它们分开。

克拉克发现，细胞间的黏附力足以使栓塞保持为一个连贯的整体。她还发现了两种可能的机制，解释了孕晚期栓塞是如何分解的。第一种可能是螺旋动脉中的血液流动压力逐渐将栓塞作为一个整体推入胎盘，有点儿像慢慢松开香槟瓶的瓶塞，然后让瓶内的压力最终将瓶塞射出。第二种可能是通过创建各条独立的通道，栓塞逐渐被削减，最终导致动脉完全解堵。[8]

鉴于原位试验存在挑战，目前还不清楚是哪种机制负责这种子宫的管道修复工作，这需要进一步研究。"分析栓塞的过程肯定有机械要素参与，但其他因素也可能起作用，比如氧在解堵过程中起的化学作用，"克拉克说，"关键在于血液流动的时间——过早会导致许多问题。"

克拉克及同事也使用了来自英国剑桥胎盘研究中心的数据（该中心拥有无与伦比的孕妇子宫切片解剖幻灯片历史档案），以及英国布里斯托尔大学提供的图像，研究子宫在孕早期是如何演变的。初步的研究结果显示，这些栓塞在螺旋动脉中停留的时间比以前认为的要长一些——最多可达18周。然而，孕早期结束后，这些栓塞仍然允许血液流入胎盘。[9]

一旦完全解除堵塞，这些动脉可将母体血液以最高每秒10厘米的速度泵入胎盘。非孕妇子宫中这些动脉的血流量约为每分钟

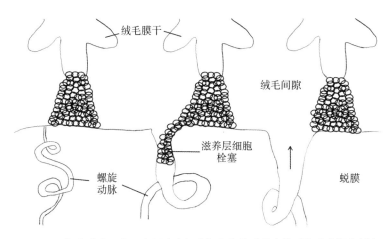

图 8-2　螺旋动脉阻塞示意图（底部中间）和随后发生的重构（底部右侧）

40 毫升，到了孕期足月时，血流量增大了 18 倍，达到每分钟 750 毫升。[10] 考虑到前 10~12 周胎盘形成阶段的重要性，克拉克认为在常规超声检查中应更加关注它。① 目前，这种检查主要是为了确定胎盘在子宫壁上的位置，以及通过脐带和最大的子宫动脉的多普勒超声检查，来查看血液如何流出和流入胎儿的身体。克拉克说，检查范围应该扩大到观察血液通过子宫流入胎盘的情况，这可能会在孕晚期出现问题之前揭示潜在问题。

❀　❀　❀

胎盘从几毫米开始，一直不断增长。一个健康的足月胎盘直

———————————

① 如果你在孕晚期使用胎心仪来检测胎儿的心跳，你很可能会听到"呼呼"的声音，这是胎盘发出的声音。

径约为 22 厘米，厚度约为 2.5 厘米，质量约为 650 克。据估计，胎盘中约有长达 550 千米的胎儿血管，这个长度与美国大峡谷的长度相当，为气体交换提供了 13 平方米的表面积——相当于一间普通大小的卧室地板面积。研究胎盘的部分困难在于这些不同的尺度，以及这张庞大的胎儿血管网络（每条血管的直径约为 200 微米）最终如何影响一个厘米级别的器官的性能。

现代成像技术已经展示了绒毛树内部的胎儿血管有多么复杂多样。在过去的 10 年中，这些血管已经通过扫描共焦显微镜术清楚地呈现出来，简单来说，这种技术就是使用显微镜和小孔来阻挡图像中的焦点外光束，然后扫描要研究的样本。这种技术显示出它们远非完美的圆筒形状，相反，它们形状极其复杂，有突出、扭结和盘曲[11]，就像你在一袋奇多膨化食品中找到的那样。

英国曼彻斯特大学的伊戈尔·切尔尼亚夫斯基自 2008 年开始在英国诺丁汉大学进行博士研究以来，一直在研究胎盘。他正在试图解开其中最大的一个谜团：这个多尺度器官是如何有效地让如此多种不同的气体和营养物在母体和胎儿之间进行交换的？胎盘中的胎儿血管容纳了约 1/4 的胎儿血液——足月时约为 80 毫升每千克体重。但是，绒毛间隙中的母体血液和血管中的胎儿血液并不混合。它们被 2~3 微米的绒毛组织隔开，这种组织包裹着胎儿的毛细血管。

母体和胎儿血液之间的气体交换是通过绒毛组织进行扩散完成的，距离绒毛组织最近的胎儿血管被认为是进行交换的场所。扩散是像离子或分子这样的物质从高浓度区域向低浓度区域的净移动。在胎盘中，气体是由于母体和胎儿血液之间的部分压力差而扩散的。[12] 比如，当母体血液吸收二氧化碳时，血液会酸化，[①] 这有助于氧气进入胎儿的毛细血管。

切尔尼亚夫斯基结合了数学建模和胎儿血管的复杂几何形状，以理解气体和其他营养物的传输。他研究发现，尽管胎儿血管的拓扑结构极其复杂，但有一个无量纲的数值可以解释胎盘中不同营养物的传输（就像雷诺数解释精子的游动能力一样）。这被称为达姆科勒数，以德国科学家格哈德·达姆科勒[②]的名字命名，他在纳粹德国崛起时期完成了他的大部分工作。流动气体或液体涉及许多化学过程和现象，这意味着确定混合物的化学状态是一个复杂的问题，唯一的"参考"状态是所有反应彼此平衡并最终达到稳定组成时的状态。达姆科勒试图找出化学反应或扩散在流动存在时的速率关系。在这种非平衡状态下，达姆科勒提出了一个数值——达姆科勒数，可以用来比较化学反应发生的时间与同一区

① 通过所谓的玻尔效应，二氧化碳的增加会导致血液中的血红蛋白释放出氧气。由于母体血液中的氧气浓度较高，这有助于增加胎儿毛细血管对氧气的吸收。

② 达姆科勒是一位医生的儿子，1908 年出生于德国中西部。1926 年，他进入慕尼黑大学学习化学，师从物理学家阿诺德·索末菲。1931 年获得化学博士学位后，达姆科勒来到哥廷根大学，与时任该校物理化学研究所所长的阿诺德·奥伊肯共事。1937 年，达姆科勒在不伦瑞克汽车研究所从事燃烧和声音在火焰中传播的研究，他的研究引起了纳粹党上层的注意，他们希望利用这些知识来开发德国空军的喷气式发动机项目。然而，达姆科勒希望自己的研究不受政治影响，据推测，这种压力导致他在 1944 年自杀身亡，年仅 36 岁。尽管死时很年轻，但达姆科勒已经在化学领域取得了多项突破性成果，并因此声名鹊起。达姆科勒的著作最初以德文出版，至今仍具有很高的价值。战后，美国国家航空航天局（NASA）将他的研究成果翻译出来，帮助发展美国的火箭技术。

域的流速。[13]

达姆科勒数在胎盘相关研究中十分有用，因为胎盘在胎儿和母体血流同时存在的情况下扩散溶质（如氧气、葡萄糖和尿素）。在这里，达姆科勒数被定义为扩散量与血流速率之间的比率。切尔尼亚夫斯基发现，尽管终末绒毛中胎儿毛细血管有着各种复杂排列，但不同气体在胎儿毛细血管内外的移动可以用达姆科勒数描述，他称之为胎盘中的"统一原理"。

对于达姆科勒数远大于 1 的情况，扩散是主导过程，并且速度比血流快得多。在这种情况下，增加溶质摄取（比如在胎儿血管中实现这一目标）的唯一方式是增加血流速度。这被称为"受限流动"。对于达姆科勒数远小于 1 的情况，流速大于扩散速度，所以扩散得很慢。此时血流速度如此之快，以至于它成为主导过程，打破这个瓶颈的唯一方式是增加扩散速度。这被称为"受限扩散"的交换。

当切尔尼亚夫斯基和他的同事将胎儿血管的入口和出口之间的微小压力差调整到大约 0.3 毫米汞柱[①]时，他们发现了不同溶质的达姆科勒数大不相同——从 0.01 到 100。[14] 他们发现，举例来说，胎盘中一氧化碳和葡萄糖的交换属于受限扩散，而二氧化碳和尿素更接近受限流动。[②] 人们认为一氧化碳能被胎盘有效地交换，这

---

① 毫米汞柱（mmHg）是测量压力的标准单位。

② 还有一些人从关键特征比例的角度探讨了胎盘中的交换，特别是约 60 年前的美国科学家 J. 乔布·费伯及其同事；请参见：Faber, J. "Review of Flow Limited Transfer in the Placenta." *International Journal of Obstetric Anesthesia* 4, no.4 (1995): 230–237。

就解释了为什么孕妇吸烟和空气污染对胎儿可能造成危险。有趣的是，氧气的流动和扩散几乎都受限，这表明这一设计可能是针对氧气优化过程的——因为氧气对生命至关重要，所以这说得通。为什么达姆科勒数的范围如此广泛，我们尚不清楚，这是正在进行的研究的主题。有一种可能的解释是，胎盘有许多不同的角色，包括滋养胎儿和保护胎儿免受伤害。

模型揭示，血管的不同部位针对各种溶质，得到了受限流动或受限扩散的优化。这是另一个证明胎盘强健本质的例子，正如切尔尼亚夫斯基所说，胎盘的这种优势是以牺牲真正的最优化为代价的——与身体的其他器官相比。现在切尔尼亚夫斯基和他的同事们的目标是创建氧气被摄取到胎盘的"地图"，以比较健康和不健康的胎盘，并最终计划将数学模型和无创成像数据（通过超声或 MRI 检查获取）整合，生成简化模型。这些模型可以用于临床诊断，例如评估胎儿生长受限和先兆子痫等病症的风险。

我们对胎盘的了解仍然有很多不足，对这个器官的研究肯定远远落后于其他器官（如心脏和肺部），原因有很多。对怀孕妇女进行侵入性实验的伦理问题，以及胎盘在子宫外存活的时间短，都是其中的原因。尽管动物模型被广泛用于研究怀孕（正如我们在第 3 章中了解到的）并外推至人类模型，但这对研究胎盘来说没有多大用处。这是因为在动物界，胎盘的形状和大小，甚至它们附着到母体子宫的深度都会有所不同。[15] 即使是了解胎盘中的氧合水平这样简单的方面也很困难，就算使用相似的技术，数值也会有很大的差异。MRI 检查和其他非侵入性方法对去氧血红蛋白敏感，但它们不能给出胎盘中氧气含量的绝对值。这意味着研究胎盘的唯一方法是等到它娩出后，即便在人体外只有几个小时内才有可能这样做。

尽管有这些挑战，像MRI这样的成像技术也正在带来一些新的惊喜。2020年，英国物理学家彭妮·高兰领导的研究团队在诺丁汉大学彼得·曼斯菲尔德爵士成像中心对44名孕妇进行了扫描，发现胎盘在分配氧气方面的效率之高，甚至能将氧气送到最远端。但是，他们也观察到胎盘本身"协调有序"收缩的诱人证据，这种收缩以前从未被看到过。有19名女性的胎盘及其下方的子宫壁独立于整个子宫收缩。这与假性宫缩（影响整个子宫的收缩）有所不同。这些收缩大约每隔20分钟一次，收缩时胎盘覆盖的子宫壁面积减少、厚度增加。研究人员还发现胎盘的体积收缩比例可以高达40%，整体效应导致子宫体积增大，有点儿像挤压气球的一端来使另一端膨胀。

这个团队怀疑这种"子宫-胎盘"泵送会导致孕妇的血液定期从胎盘中排出。但同时，它并不影响胎儿的血液循环，而且在收缩前后氧合血的差异似乎并不大。[16]事实上，血液不仅被泵入胎盘，也通过贴着子宫壁的蜕膜静脉排出。这种排出过程在胎盘研究中常常被忽视，但高兰及同事认为，这种泵送能避免在胎盘中形成"未搅拌"的区域，否则会限制气体交换的效率。"这个泵肯定有其物理功能，"高兰说，"但我们需要做更多的工作来找出它。"胎盘泵送可能是胎盘的一种新现象，但这项研究和前文中艾丽斯·克拉克的工作表明，胎盘和子宫不能被视为单独的器官；相反，它们作为一个相互作用的耦合系统，产生了自身的特性，也许这是至关重要的行为。

✼　✼　✼

我们知道胎盘是十分坚韧的，它不仅需要承受胎儿的踢打（如我们在第 5 章中所述），还要抵御巨大的宫缩力——这种力量将婴儿从子宫中推出，如第 6 章所述。但是，就像任何其他器官一样，功能问题可能导致并发症。令人遗憾的是，美国每年大约有 1/2 的死胎是由影响胎盘的疾病引起的。[17] 孕妇被建议在怀孕期间不要服用某些药物，因为这些药物可能会"穿过"胎盘进入婴儿的血液，产生有害的影响。同样，香烟烟雾也会降低胎盘的工作效率，从而影响营养物和氧气向婴儿的输送。更糟糕的是，胎盘可能会过早地从子宫壁上脱落，实际上是与滋养胎儿的母体血液供应断开。这被称为胎盘早剥，其原因尚不完全清楚，但在大约 1% 的妊娠中会发生。[18]

这些问题激发了一些研究人员开发人造子宫，这些设备可以像胎盘和子宫一样工作，但是在体外进行。2017 年，费城儿童医院研究所的研究人员通过剖宫产手术将胎羊从母体中取出，并在子宫外保持存活，时间长达创纪录的 4 周。[19] 这是通过将胎羊放入他们自制的"生物袋"中完成的，这种生物袋看起来像一个真空包装的衣物储存袋，里面装着一种液体状的羊水，胎羊可以摄取。一台机器连接到胎羊的脐带，可以为它持续提供新鲜氧气和营养物，同时排出二氧化碳。胎羊的心脏承担了所有的泵送工作。

这个生物袋为胎羊提供了一个人造环境，不仅让它们活着，而且允许它们茁壮成长。胎羊们侧躺着，看起来很舒服，它们在袋子里做一切会在子宫中做的事，从吞咽和扭动腿部到睁开眼睛（这一定很吓人）。随着时间的推移，胎羊们甚至长出了毛茸茸的皮毛，几乎戳出了袋子。4周过去后，它们的肺被认为发育得足够成熟，可以自主呼吸，于是它们"出生"了——这个过程涉及小心翼翼地打开袋子，并将它们从各种机器上断开。

第一批试验对象被终止了生命，以便科学家详细研究它们的大脑和器官，检查它们的发育情况。研究人员没有发现任何问题，于是他们复制了这个实验，但这次让羔羊们活了下来，甚至由团队人员用瓶子喂养。这批羔羊在孕110天时出生，[①]大约相当于孕23周的人类胎儿——这通常被认为是人类婴儿出生后能存活的时间点。然而，即使有先进的医疗设备，这个时期出生的婴儿的生存率也只有19%。[20]如果这些婴儿能存活下来，可能的并发症也不容忽视，他们在三岁时有大约75%的概率发展出残疾或某种形式的疾病，如慢性肺病。[21]

费城儿童医院研究团队以及其他正在尝试类似研究的团队表示，有一天这种生物袋可能用于人类，但他们坚称不希望拉低可存活时间段的下限。相反，他们希望创建一种用于极度早产婴儿（那些在28周之前出生的婴儿）的设备，让他们在类似子宫的环

---

① 羔羊的整个孕期约为147天。

境中安全地发育三四个星期。如果这能安全地实施，如同现在已经在胎羊身上展示的那样，就可以降低发展出严重疾病的概率。例如，26 周出生的婴儿在三岁时有 50% 的概率没有任何损伤。

尽管胎羊身上的实验取得了成功，但我们距离在新生儿重症监护病房看到《黑客帝国》式的"人类胎儿生物袋田"还有很长的路要走。在人类身上测试生物袋不仅是一个道德雷区，还涉及长期健康影响的问题。还有许多技术难题需要克服，包括如何安全地连接到极度早产婴儿的脐带血管。另一个问题是需要更好地理解胎盘的生理机制，以及它如何管理各种营养物和氧气进出胎儿身体的过程。这些突破将来自对胎盘如何如此有效地工作产生的更深入的物理理解。

✳ ✳ ✳

在整个 20 世纪，胎盘被视为一个神秘的黑盒子，或者更准确地说是朱紫相间的盒子。现在，由于影像学、建模和新的实验技术的进步，人们开始逐渐揭示这个重要而神秘的器官的动态变化。胎盘影像学的进一步发展，也将帮助我们更好地理解母体的感染传播给胎儿的过程，以及胎儿暴露于环境污染物的情况。2019 年，研究人员在胎盘的胎儿侧发现了炭黑粒子存在的证据。[22] 一年后，另一支研究团队在该器官中首次发现了微塑料存在的证据。[23] "10 年前，胎盘研究是小众的，这是一个神秘的器官，但现在已不再如此。"切尔尼亚夫斯基说，"胎盘的重要性不可忽视。它的影响不仅在那 9 个月，而且是终生的，甚至是跨代的。"

也许爱尔兰剧作家萧伯纳最好地阐述了这个观点，他有一句广为流传的话："除了在出生前的 9 个月，没有人能像一棵树那样管理好自己的事务。"

第9章

第一次呼吸：用表面张力理解呼吸过程

1963 年 8 月 7 日下午 12:52，美国总统约翰·肯尼迪和第一夫人杰奎琳·肯尼迪迎来了他们的第三个孩子。[①] 这个孩子在马萨诸塞州巴泽兹湾的奥蒂斯空军基地医院经过紧急剖宫产出生，名叫帕特里克·布维尔·肯尼迪，出生时仅 34 周，体重 2.11 千克。医生知道他和当时所有早产儿一样，可能会面临适应子宫外生活的困难。确实，出生几分钟后，他的情况就出现了一些不对劲。

很快，婴儿出现了呼吸困难，儿科专家被空运过来提供援助。儿科医生怀疑肯尼迪家的这个儿子患有透明膜病，这种病患的肺部有一层由死细胞和蛋白质组成的膜覆盖，阻止肺部正常运作。[1] 通常，患有这种病症的婴儿在出生后不久就会遭遇生存困难，表现为呼吸急促和心跳加速。他们建议将帕特里克转移到约 70 英

---

① 这是杰奎琳第 5 次怀孕，第一次流产了，第二次死胎，之后两次分别是 1957 年出生的卡罗琳·肯尼迪和 1960 年出生的小约翰·肯尼迪。

里①外的波士顿儿童医院，那里有更好的医疗资源，于是帕特里克被急救车送往医院，大约在出生后 5 小时到达。

20 世纪 50 年代，困扰帕特里克的一系列问题是非常常见的。儿科医生对于为什么有些早产儿一出生似乎很好、两三天后却死亡感到困惑。尤其令人困惑的是，尸检发现肺部没有残留的空气——它们完全塌陷。尽管当时有先进的医疗技术，但对呼吸困难的早产儿来说，几乎无法提供帮助。这似乎是一场生死博彩，而且情况不只发生在几个婴儿身上。仅在美国，每年就有超过 1 万名新生儿在无法呼吸的徒劳挣扎中死亡，另有 1.5 万名新生儿也有类似的问题，但不知出于何种原因挺过来了。[2]

死亡的基本原因是缺氧，氧气对生命来说是必不可少的，没有它，我们就会窒息而死。正如我们在前一章中了解到的，胎盘从母体供应的血液中提取婴儿在子宫内所需的所有氧气。肺部以类似的方式吸入大气中的氧气并将其转移到血液中，同时在呼气时将体内的二氧化碳排出，从而发挥作用。

这种氧气交换是在被称为肺泡的气囊状结构的膜上进行的。一个成人的肺部大约有 4 亿个肺泡，一个新生儿的肺部大约有 2 400 万个肺泡。肺泡被血管覆盖，使得氧气可以通过膜扩散到血液中，同时将二氧化碳排出体外。肺泡会随着每次吸气和呼气而膨胀和收缩，它们排列成簇，有点儿像电影《飞屋环游记》中让房子飘浮起来的气球束。

---

① 1 英里≈1.6 千米。——编者注

胎儿在孕早期就开始练习呼吸，他们吞咽羊水进入部分塌陷的肺部。但是，当他们需要从空气中呼吸氧气时，情况就完全不同了。一旦陪产者或者其他任何人剪断脐带，婴儿就要完全依赖自己呼吸了。出生前有几个过程可以帮助婴儿做好调整，比如子宫收缩会压迫脐血管，这会减少胎儿的氧合血量，从而提高血液中的二氧化碳水平，刺激大脑中的呼吸中枢，促使新生儿呼吸。[1]然而，出生对婴儿来说仍然是一次真正的危机，即使是对足月婴儿来说，要做到第一次呼吸以将肺部充气到接近满负荷状态也远非简单之事。

早产儿面临的问题是，肺部是最后一个完全发育的器官，在大约37周时才会发育完成，因此有了"足月"这个术语。在20世纪50年代，医生认为肺部有一层被称为透明膜的结构，是早产儿呼吸困难的原因。人们认为这层膜可能源自羊水，甚至是婴儿摄入的母乳。

然而，通过对病亡婴儿肺部的尸检，人们发现了一种通常在血液中找到的蛋白质，这使得研究的重点回到了婴儿本身。这种疾病被称为新生儿呼吸窘迫综合征（IRDS），即使在今天也仍有超过5%的婴儿在生命的最初几分钟内需要呼吸辅助。[3]出生后无法呼吸至今仍然每年导致80万名婴儿死亡，令人惊心，其中大多数

---

① 2020年的研究表明，大脑中有一种特定基因被激活，从而引发婴儿呼吸；参见：Shi, Y., Stornetta, D.S., Reklow, R.J., et al. "A Brainstem Peptide System Activated at Birth Protects Postnatal Breathing." *Nature* (2021): 426–430. doi. org/10.1038/ s41586-020-2991-4.

发生在无法获得先进医疗设备的发展中国家。[4]

遗憾的是，这些进步对帕特里克·肯尼迪和其他数千名在他之前和之后出生的婴儿来说都为时已晚。尽管当时美国最好的医疗团队进行了"不顾一切的医疗努力"，试图让帕特里克活下来，但他在出生后两天就去世了。[5]《纽约时报》当时评论说："肯尼迪家族的婴儿之战之所以失败，只是因为医学尚未发展到足够迅速地完成身体本可以自行完成的工作。"然而，小肯尼迪的死亡确实引起了人们对这种状况的关注，并激发了进一步的研究。几十年后，科学家不仅对肺部在IRDS期间发生的情况有了更深入的了解，还找到了可能的解决方案。对于为什么会发生这种情况的解释，已经有 200 年的历史了。

❋　❋　❋

英国的博学者托马斯·杨被誉为"最后一个全知的人"。[6]他在十几岁时就已经学会了十几种语言，包括希腊语、拉丁语和阿拉伯语，他将这种对语言的热爱用于日后的生活，并在 19 世纪前 10 年通过罗塞塔石碑解读了埃及象形文字。杨于 1773 年出生在英格兰西南部，他是家里 10 个孩子中最大的一个。1801 年结束了在德国哥廷根大学的医学学习后，他被任命为英国皇家研究院自然哲学教授。一年后，他成为英国皇家学会的外事秘书。19 世纪，杨在物理学上做出了几项突破性的发现，这些发现至今仍是教科书中的主要内容。他最著名的成就是研究了光的波动性，以及物体所受压力和其长度因此产生的变化之间的关系，这被称为杨氏模量。

　　杨还关注了液体的性质和液体表面与空气接触处蹦床般的奇异薄膜。如果你把一个杯子装满水，仔细看杯中水面，你会看到非常薄的一层。这是由于一种叫作"表面张力"的效应。在液体深处，水分子四面都被其他水分子包围，这导致分子之间的相互作用达到平衡，没有净张力。换句话说，上面拉扯的分子被下面拉扯的分子平衡了，以此类推。然而，表面最顶部的分子上方没有邻居，只有旁边或下面有。这导致表面上的分子与相邻分子紧密结合，形成了一层"表面膜"，就像一张有弹性的薄膜。有些动物利用这一点发展出特别的能力，比如"池塘溜冰者"水黾，它们可以真正地在水面上行走，这要归功于表面张力。

　　杨将表面张力与另一种被称为毛细管作用的流体现象联系起来，[7]当具有抗重力能力的液体在狭窄的空间流动时，就会发生这种现象。植物利用这种现象从地下吸取水分。在家中，你可以通过将纸巾卷成一个圆筒，然后将其一部分浸入水中，来观察毛细管作用是如何工作的。液体会像变魔术一样，非常慢地沿着纸巾上升。在杨的时代，流体的这种性质引起了人们的极大兴趣，法国博学大师皮埃尔-西蒙·拉普拉斯①独立于杨的工作，将这些观察结果转化为数学公式[8]。②这个结果现在被称为杨-拉普拉斯公式，

---

① 拉普拉斯比杨早 23 年出生，他在数学、物理、天文学和统计学方面都做出了无数贡献，甚至涉足政界，在 18 世纪与 19 世纪之交成为拿破仑时期的内政部长。

② 德国数学家卡尔·弗里德里希·高斯将杨和拉普拉斯的研究成果结合起来，对表面张力进行了更完整的数学描述。

它将两个界面（如水和空气）之间的毛细管压差与表面张力联系起来。

气泡也就是液体–气体界面，可能是杨–拉普拉斯公式最好的实例。在这种情况下，气泡内外的压差取决于气泡的大小和表面张力。对于给定半径的气泡，表面张力和压力之间的关系是成比例的，所以更大的表面张力会导致更大的压差，从而可能导致气泡破裂。对于固定的表面张力，半径和压力是成反比例的，所以如果液滴的大小增加，压差就会减少；如果液滴的大小缩减，压差就会增加。

杨–拉普拉斯公式也很好地适用于肺部的气泡状结构：肺泡。在呼吸过程中，肺泡湿润组织中的薄薄一层水分会接触到空气。肺泡组织上的水分子彼此间的作用力大于对肺泡中空气分子的作用力，这就产生了较大的表面张力。在这种情况下，根据杨–拉普拉斯公式，压差如此之大，以至于肺泡会塌陷，再也无法扩张。

然而，我们知道至少健康婴儿和成年人的肺部并不会塌陷，所以一定有一些因素在阻止这种情况的发生。第一位开始解开这个谜团的科学家是瑞士生理学家库尔特·冯·尼尔加德。1929年，他发现，奇特的是，给肺部充气所需的压力比充水更大。有物理学背景的冯·尼尔加德利用杨–拉普拉斯方程证明了肺组织和空气之间的表面张力是造成这种差异的原因。[9]他甚至测量了来自猪的健康肺组织提取物的表面张力，发现它比身体其他健康组织的表面张力低。

快进20年，到了20世纪50年代，肺部研究取得了显著进步，这主要得益于两次世界大战对有毒气体致命影响的深刻揭示。

英国物理学家和生理学家理查德·帕特尔在气泡研究方面获得了声誉，特别是他对"止泡剂"的研究，这类物质能阻止暴露在空气中的组织培养物形成气泡。他开始在英格兰南部波登当的绝密化学防御实验室工作，他的任务是帮助生理学家解决肺部暴露于光气时形成泡沫的问题。

这种有毒气体在第一次世界大战中被用作化学武器，导致数以万计的人丧失生命。吸入这种气体会导致肺水肿（肺部积液过多），使人无法呼吸。帕特尔相信他的止泡剂会迅速解决问题。但令他惊讶的是，他未能阻止水肿液中的气泡形成。他得出结论，肺泡必定被一层以某种方式降低表面张力的物质所覆盖，这使得气泡易于形成并稳定存在。[10]他甚至写下了自己的推测，认为这种覆盖物可能是一些新生儿呼吸困难的原因。[11]

在帕特尔进行他的研究的同时，位于马里兰州的美国陆军埃奇伍德化学生物中心生理学家约翰·克莱门茨，证明了肺部这层物质与其功能之间的联系。克莱门茨自学了物理学和数学，他对老鼠、猫、狗的肺部提取物的表面张力进行了一系列定量测量——准确地说是切碎的肺部提取物。他的自制设备相当粗糙，但可以在他压缩和扩大切碎的肺部提取物的表面时测量表面张力。他发现，肺部提取物扩张时表面张力会增加，实际上这能防止它过度扩张；而当切碎的肺部提取物收缩时，表面张力则会减小，这不仅阻止了肺的塌陷，也使其能够轻松地再次扩张。[12]克莱门茨的发现证实了肺泡表面存在一种物质，可以将表面张力降低到约1/10。随着这一机制被发现，人们不禁要问：这层神秘的物质是什么？它与早产儿呼吸困难有什么关系呢？让我们通过了解洗衣服的过程来找出答案。

❋　❋　❋

除咖啡机之外，新手父母几乎每天都在使用的一种家用电器就是洗衣机。婴儿有着如此小的身体，却能产生多到令人难以置信的唾液、呕吐物、尿液和粪便，所有这些都会以某种方式被立即"吸引"到你的衣服上。实际上，任何新手父母的必经之路就是至少要经历一次，当你把新生儿放在肩上拍嗝时，你的背部被一股呕吐物瀑布般地洗礼，无论你在婴儿面前放置多大的纱布都是一样。当然，只用水不足以清洁你的衣服；你还需要洗涤剂，它由一类叫作表面活性剂的聪明分子组成，最广泛使用的商业品就是烷基苯磺酸盐。

表面活性剂有两项重要的工作，由分子的不同部分执行。首先，它连接水分子，阻止水分子之间的强力结合。这降低了水的表面张力，使其能够在更大的区域内传播，并深入衣物的纤维中。其次，表面活性剂与污垢和油脂结合。洗衣机的洗涤周期将水与表面活性剂结合，表面活性剂黏附在污垢上，而滚筒过程将污垢和油脂分解成更小的片段。漂洗阶段将污垢和洗涤剂清除，留下干净的衣物。就是这样。

你可以在家里进行一个简单的实验，来展示表面活性剂的力量。如果你剪下一片纸，把它剪成船的形状，然后放入浴缸，它应该会漂浮在水面上，并不会真正移动。然而，如果你在纸船的一端滴入少量的洗涤液（要在纸船变湿和下沉之前），它会以相当快的速度神奇地前进。这是因为洗涤剂降低了水的表面张力，打破了这层虚拟的薄膜，并提供了一个反作用力来推动纸船。这个原理也解释了为什么肥皂泡——每个孩子的最爱，可以持续长时间不破裂。表面活性剂降低了泡沫的表面张力，这减少了泡沫内外的压差，使其保持平衡——至少是在它变得足够薄以致破裂之前。20 世纪 50 年代，帕特尔研究肺水肿液时也看到了类似的现象：肺部的表面活性物质稳定了气泡，使其不会塌陷。

　　帕特尔在 20 世纪 50 年代中期进行他的研究，与此同时，哈佛大学公共卫生学院①的儿科医生玛丽·艾伦·艾弗里亲眼看到许多新生儿出生后呼吸困难的情况。艾弗里在波士顿一家当地医院的新生儿服务部门工作，她相信表面活性物质是拼图的缺失部分。基于克莱门茨的工作，她构建了自己的设备来测量死于 IRDS 的婴儿肺部的表面张力。在因其他并发症死亡的未患 IRDS 的婴儿身上，她观察到了克莱门茨所观察到的相同效果：肺部塌陷时表面张力降低，帮助其重新充气。然而，对于 IRDS 患儿，她发现当肺部扩张时，其表面张力升至远高于非 IRDS 患儿的水平。更糟糕的是，当患儿肺部被压缩时，表面张力仍保持如此高的水平，以至于会让再次呼吸变得难上很多。[13] 艾弗里和她同样在哈佛大学公共卫生学院的同事杰雷·米德证明，肺部必定有一种表面活

---

① 2014 年，在晨兴基金会的捐赠下，哈佛大学公共卫生学院更名为哈佛大学陈德熙公共卫生学院。

性物质，将表面张力降至接近零。

最初，他们的发现遭到了质疑，有些人不相信肺部能够产生这样的物质。然而，几十年后，通过强大的显微镜对肺细胞的成像显示，肺部确实有能够产生肺表面活性物质的细胞。肺泡上皮层主要由两种细胞构成。第一种为I型肺泡细胞，覆盖了约95%的肺泡表面，负责气体交换，氧气和二氧化碳通过这些细胞进出血液。第二种为II型肺泡细胞，覆盖剩余的5%肺泡表面，负责产生肺表面活性物质。

约92%的肺表面活性物质由脂质构成，剩余8%由蛋白质构成。[14]尽管这些蛋白质在肺表面活性物质中所占的比例很小，但它们对肺功能来说至关重要。其中两种蛋白质是疏水性的，意味着它们不喜欢水。这有助于将肺表面活性物质推向气液界面，使其发挥作用。另外两种蛋白质最初难以识别，但后来人们发现它们与免疫系统中的其他重要蛋白质有关。因此，人们认为肺表面活性物质对于刺激肺部的免疫应答也很重要，可能对保护肺部免受感染起着作用。这层肺表面活性物质如此有效，使得肺泡只需1毫米汞柱[①]的额外压力就能膨胀。然而，对不同妊娠期胎儿的分析结果显示，肺表面活性物质的产生只从大约孕24周时开始。大约在34周的妊娠期，胎儿可能已经有足够的肺表面活性物质进行自主呼吸，而到孕37周时产生的肺表面活性物质才达到最高水平。[15]

---

① 相比之下，海平面的气压为760毫米汞柱。

所有这些关于肺部情况的知识，给我们提供了一个最终摆脱IRDS的机会。20世纪50年代，儿科医生给患有IRDS的婴儿使用人工呼吸机，这种机器在吸气时可以提供压力，帮助肺泡充气。然而，这是高风险行为，因为它可能对脆弱的肺部造成长期的伤害。艾弗里和米德的研究表明，仅在婴儿吸气时提供压力是不够的，于是儿科医生开始使用另一种设备，即持续气道正压通气（CPAP）设备。这种设备通过在婴儿呼气时也保持压力，起到了缺失的肺表面活性物质的作用。使用CPAP设备有点儿像在移动的汽车中探出头并张开嘴。在临床环境中，它最初通过在婴儿的口鼻安装面罩来实现，而且它非常有效，将死亡率从80%降低到了20%。[16] 它如此成功，以至于在没有经过临床试验的情况下就被引入。现在，这一般通过鼻导管实现。

一旦确定肺表面活性物质不足是IRDS的主要原因，科学家就开始考虑直接解决这个问题的方法。多年来，许多人努力开发替代性肺表面活性物质，虽然他们在兔子身上取得了一些成功，但在人类身上取得成功更加困难。突破来自日本医生藤原哲郎，他在20世纪70年代后期访问了当地的屠宰场，从中获取新鲜的牛肺，然后提取肺表面活性物质。他将其洗净并溶于溶液中，然后通过直接插入气管的管子将其注入婴儿的肺。这涉及将管子插入婴儿的喉咙，并将看起来类似于脱脂牛奶的肺表面活性物质泵入气管。1980年，藤原哲郎给10个早产儿施用了这种药物，他们出生时在孕28~33周，他看到他们的胸部X射线检查结果有了巨大的改善，10个婴儿中有8个存活下来。[17]

然而，一些儿科医生对于将牛肺提取物注入早产儿的肺部感到不安，因此科学家开始在实验室制造合成肺表面活性物质。在20世纪80年代的10年里，经过了对动物源和合成版本的液体替代性肺表面活性物质的临床试验，这些肺表面活性物质得到了临床使用的许可。[18] 所有这些进展都导致IRDS致死人数迅速下降，在美国从每年约1.2万人减少到21世纪初的不到1 000人。①

然而，尽管取得了这样的进步，如今早产儿出生后，仍然需要花几个小时来评估其呼吸困难程度。通常，呼吸困难的婴儿首先会接受CPAP治疗。但是，如果他们体内的氧气水平仍然过低，他们可能会接受肺表面活性物质替代疗法。CPAP并非没有问题。如前所述，它可能会损伤早产儿脆弱的肺组织。目前，肺表面活性物质替代疗法也并非灵丹妙药。该程序并非针对特定病人，也未根据每个人肺部的形状进行定制，由于可能需要进行几轮治疗，这增加了肺部积液过多或完全堵塞的风险；而且无法实时监测治疗的效果，取而代之的是，通过治疗后的肺功能测试和血氧水平分析，或者只是粗略地看婴儿是否随着时间的推移有所好转。更糟糕的是，约有37%的婴儿对这种治疗根本没有反应。[19]

所有这些都意味着还有很大的改进空间。

---

① 实验还表明，类固醇可以加速肺部发育。早产一个月左右的羔羊很快就会因呼吸困难而死亡，但接受类固醇治疗的母羊能产下可自主呼吸的早产羔羊。产科医生在人类身上也见证了同样的效果。从20世纪90年代开始，用类固醇治疗IRDS开始普及。治疗方法包括在婴儿出生前给孕妇注射类固醇，以帮助加速肺部发育。

�　�　�

　　10 多年来，马萨诸塞州达特茅斯学院的迈赫迪·莱希一直对婴儿表面活性剂输送问题感兴趣。然而，他面临的最大挑战并不是研究这个问题的难度，而是如何获得资金。他花了好几年才说服了美国国家科学基金会（美国主要的基础研究资金提供者）支持他的团队的提案。他的团队终于在 2019 年获得了一项研究资助。考虑到肺表面活性物质的流动在原位试验中很难确定，他的团队采用了计算模型来模拟表面活性物质通过肺部的流动。这听起来简单，但考虑到肺表面活性物质液体栓塞的流体动力学机制和肺部的支气管数量，这个问题并非那么简单。

　　肺部与气管相连，气管是一根弹性管道，像一个倒置的"Y"那样分支成两根主支气管，每根主支气管都延伸到一个独立的肺。每根主支气管进一步分裂成更多的 Y 形管道，就像一棵树。新生儿肺部的分支数量大约为 8（成人肺部为 15）。最后通向一簇簇肺泡的管道是细支气管，其直径约为 1~2 毫米。

　　当栓塞（如肺表面活性物质层）通过肺部时，它会覆盖气道壁，也可以在肺部的许多 Y 形结构中分裂成两个——肺部这些结构会逐渐变小。最终，我们希望栓塞能够到达细支气管，并排入肺泡囊。每个肺泡囊的直径约为 150 微米，但对早产儿来说，可能只有这个尺寸的 1/2。肺表面活性物质治疗的问题在于，它必须到达肺部的末端——仅仅覆盖通往那里的支气管毫无意义，还需要到达尽可能多的肺泡。如果所有的肺表面活性物质都排入同一个地方，那么这种治疗将几乎没有用处。

2015 年的理论模型显示，约有 1/2 的液体栓塞在移动过程中会附着在肺部，而另外 1/2 则被送入肺泡。[20] 研究人员还发现，增加流速会导致分裂更均匀，但涂覆速率也会增加，从而减少送入肺泡的栓塞数量。然而，对早产儿来说，简单地提高流速有困难，因为这可能会损伤婴儿的肺部。这些早期模型的问题在于，他们将肺部视为完全对称的结构。但肺部并不完全均匀分布，而是在分支的大小和方向上都不对称，这可能成为影响婴儿肺部研究的一个重要因素。实际上，2019 年对大鼠肺部的实验研究发现，这种类似于人肺的肺部在支气管和肺泡的直径与长度比例上也是不对称的，肺表面活性物质分布得很不均匀。[21] 肺表面活性物质分布的另一个问题是，有些 Y 形管的分叉"向上"（逆重力方向）。这使得液体更倾向于"向下"排出，阻止液体在整个肺部分布。这

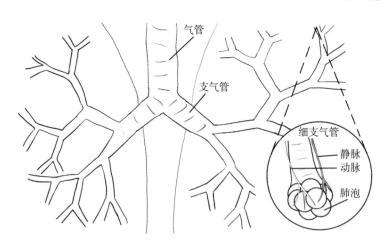

图 9-1　肺部示意图

种效应在成人肺部更为明显，因为成人的肺部更大。

　　莱希的团队，包括研究生科里·霍伊，想要了解哪些参数在将肺表面活性物质输送到肺泡的过程中比较重要，比如肺表面活性物质的黏度、在肺部的输送速度，甚至是多次给药的时间间隔。他们首先研究了肺表面活性物质在两代和三代 Y 形毛细管中流动的力学特性，以及它在各个交叉点的分裂方式。我们知道毛细管作用可以帮助液体逆重力运动，就像在植物和直立的纸巾中一样。因此，研究人员认为，通过调整向肺部泵入肺表面活性物质的频率，可能有办法模拟这种现象。他们发现，至少在他们的 3D 模型中，调整给药时间可以提供帮助。当一剂肺表面活性物质由于重力作用沿着 Y 形分叉的一侧流下时，如果它在另一剂被注入时仍停留在那段毛细管中，新的流体通常就会进入 Y 形分叉的另一侧——甚至可以抵抗重力的作用。这意味着，如果最初大约 10 毫米长度的剂量分成两次 5 毫米的剂量给药，那么这种方法可能有助于肺表面活性物质更均匀地分布，而不是朝一个方向排空。

　　在两代的支气管树中，这是可行的，但我们的肺部结构当然并不简单，因此莱希与阿克伦大学实验学家侯赛因·塔瓦纳合作。现在，他们正在创建一个更符合生理现实的 6~8 代三维支气管树模型。[22] 目前，这项工作还在进行中，但并不意味着这些模型得出的结果能够很简单地在临床环境中应用。通常，肺表面活性物质在婴儿躺着时给药，这会促使肺表面活性物质朝一个方向行进。但模拟结果显示，在治疗过程中让婴儿从一侧翻到另一侧（这不包括在当前的最佳实践中），可能抵消重力的负面影响。其他可能性包括将栓塞分成多次在特定的时间给药，或者调整栓塞本身的黏度。"我们非常希望这个更真实的模型能够为肺表面活性物质的分布问题提供一些启示。"莱希告诉我。

一种可以安全有效地分布的肺表面活性物质，可能有助于婴儿更快地脱离CPAP设备。但是，对那些接近足月的婴儿来说，最终的目标可能根本不涉及CPAP或肺表面活性物质替代疗法。就像科学家正在研究生物袋，以帮助极度早产儿在尽可能接近子宫的环境中保持存活（见前一章），加拿大和德国的科学家正在研发人工肺。这种人工肺能以类似的方式延续婴儿的生命，直到婴儿的肺部开始全面发挥功能。[23]加拿大麦克马斯特大学机械工程师拉维·塞尔瓦加纳帕西和他的同事们与同一所大学的儿科医生合作，从头开始制造了一种设备，该设备可以在无须CPAP设备或手术的情况下为血液供氧，而这在体外膜氧合等技术中是必需的。[①]

经过10年的时间，制造了几代设备后，他们创造了一种便携式设备，不需要使用外部电源，也不需要外部供氧。这绝非易事。这种设备大约有微波炉那么大，可以连接到脐带，利用心脏来泵血，这样做的优点是身体可以控制血液流动，而不是由外部泵控制。这个设备基于微流控术，涉及通过微米级直径的通道控制和处理少量流体的行为，通常是在一块材料（如玻璃或硅）中刻蚀或模制的一组小通道。对于这个设备，研发团队使用了一种名为聚二甲基硅氧烷的有机硅聚合物，可以通过一种叫作软刻蚀术的

---

① 这种技术被称为ECMO（体外膜肺氧合），它通过体外的氧合器泵送血液，当然创伤性很大，需要动手术。

过程在其中轻松制造小通道。①

　　心脏将脱氧血以大约 30 毫米汞柱的压力泵入设备，这个压力与新生儿体内相同。然后，血液通过小通道（直径约 100 微米，相当于人类头发的厚度），这增加了氧气扩散到血液中和二氧化碳排出的机会。这些通道位于一系列（16 张）微流体膜中，每张膜的大小相当于一个小餐盘，它们像在洗碗机中整齐堆叠的盘子一样排列在一起——这种排列也增加了血液和空气交换的表面积。这种堆叠系统还有一个优点，就是可以根据婴儿的体重添加或减少模块，有点儿像为体积较大的婴儿配备更大的人工肺。当血液流出时，它已经被氧化，然后返回婴儿的脐带中。

　　根据塞尔瓦加纳帕西的说法，这是首个将微流控人工肺与心脏的自然泵动结合使用的设备。他们在一只新生小猪身上测试了这个设备的运行情况，这只小猪的体重与人类新生儿相近，血量也相似。这只小猪是足月出生的。为了模拟新生儿呼吸窘迫综合征，它被给予了一段时间的二氧化碳，然后被放在设备上。该团队能够将小猪的血氧水平从大约 75% 恢复到 100%。他们的最新设备是第 10 代版本。第一代设备每分钟可以为大约 8 毫升的血液供氧，最新的模型在同样的时间内可以为大约 100 毫升的血液供氧。

　　目前，该设备处于原理论证阶段。下一步是证明该设备能够在 3~5 天内维持一只小猪的氧气供应，然后扩大到测试 20 只小猪。

① 　或许，喷墨打印机是微流控术的最大应用实例，从某种意义上说，它是 20 世纪 80 年代微流控术的开端。喷墨打印机可以精确定位比头发丝还小的液体点。

如果这些实验的结果是积极的，那么在改进后，该设备可能会进入临床试验阶段。如果试验成功，那么该团队有信心让这一设备在 21 世纪 20 年代末投入对早产儿的临床使用。然而，他们还需要克服一些技术难关。考虑到脐静脉在切断后几分钟内可能会塌陷，需要进一步研究的一点是测试将导管插入脐带以保持其扩张的能力。（小猪身上的实验是通过颈静脉进行的。）

该设备被设计用于处理约 10 毫升的血液，以确保连接设备时不会稀释婴儿的血液。这意味着婴儿需要在一定程度上自主呼吸。该设备可能提供约 30% 的氧气，剩下的 70% 来自自主呼吸。但是，如果需要更多的支持，那么可以添加额外的模块单元。研究团队预计，该方法可以用于出生在妊娠期约 36 周的早产儿，但不能更早，因为新生儿只能在设备上待一周。尽管工作远未完成，但这些新的技术和模型有望使呼吸困难的早产儿的治疗更加安全有效。

❀　❀　❀

通常，一个健康的婴儿在被清除口腔和鼻腔的黏液后 10 秒内会进行第一次呼吸，而肺部剩余的液体会在 10 分钟到 4 个小时内被身体排出或吸收。[24] 一旦肺部充满空气，本能应该会发挥作用，婴儿会发出刺耳的哭声，标志着健康呼吸的开始。虽然这对早产儿来说是一个挑战，但得益于 200 年前的杨-拉普拉斯公式，以及 20 世纪 50 年代医生们的开创性工作，全球数百万名婴儿的生命得到了拯救。肺表面活性物质的发现是最有说服力的例子之一，这个问题先是在病人身上被发现，然后由科学家理解了背后的机制，最后转化为在医院中进行针对性治疗。由于这些进步，一个与帕特里克·肯尼迪同样孕周出生的婴儿，现在有近100%的生存概率。

第 10 章

暴风哭泣：婴儿声带背后的混沌物理学

新生儿的啼哭是一种无与伦比的求救信号，就像在深夜，当你处于前一晚缺乏睡眠的状态中时，有一把大锤砸向你的大脑。一个非常饿的婴儿的嚎叫会在未来的一段时间里每晚都唤醒你（深表同情）。

我经历过自己孩子的午夜尖叫，这与我在南非克鲁格国家公园郊外一次近距离遭遇狮子时听到的令人毛骨悚然的嘶吼无异。那是我和妻子度蜜月时的冒险。在一个清晨，通过车上的无线电，我们得知两头游荡的公狮正在与当地狮群的一头公狮战斗。我们的司机以极快的速度驶向现场，车轮在轨道上打滑，把乘客们摇晃得四处乱撞（在稀树草原上，车里是没有安全带的）。然而，当我们追上那些狮子时，已经太晚了——两头游荡的狮子已经成功猎杀了猎物。

司机决定慢慢跟着其中一头游荡的狮子。我们慢慢地跟在后面，追踪它的每一个动作。然后，狮子离开了常规路线，令人惊讶的是，我们依然跟随着它。道路开始变得越来越颠簸，突然，狮子停下来，转过身面对我们。它直视我们的眼睛，发出一声使人毛骨悚然的吼叫。毫无疑问，这是我见证过的最恐怖的一刻——除了那次我们为两岁的孩子拆下婴儿床侧板的时候。狮子发出这样的吼声只是为了表达它的主权，让我们不要想着再靠近。

我从这段经历中得到的印象是，狮子能发出让人毛骨悚然的声音。它们能在一米的距离内产生高达 114 分贝①的声音。这个强度大约是同样距离下割草机声音的 20 倍，距离"痛阈"（大约 120 分贝）也不远。虽然人类婴儿的声音无法和狮子相比，但也可以达到约 100 分贝。问题在于，与遭遇狮子时不同，当新生儿大声哭喊时，你通常会把新生儿放在离你的耳朵非常近的地方。虽然这可能会损害你的听力，但是婴儿会好起来。所有的哺乳动物（包括狮子）都有一种内置的音量控制机制，叫作听觉反射。一旦大脑开始启动发声，它就会收缩位于中耳的鼓膜张肌和镫骨肌，这些肌肉的作用是降低耳朵的敏感度。考虑到婴儿哭的次数之多，有这种机制是好事。

有句话说，新生儿每隔两个小时就会哭上两个小时。当然，这不是真的，但他们确实哭得很多。2017 年对 8 700 名婴儿的研究发现，新生儿平均每天会哭两个小时，到三个月时，时间会减

① 分贝（dB）是声级的测量单位。声音在传播过程中会向各个方向扩散，因此能量在传播过程中会扩散到一个球体的范围。距离越远，轰鸣声的强度和声级就越低。

少到一个多小时。[1] 所有的婴儿都不同，有些可能会毫无缘由地连续哭几个小时（有时是因为腹绞痛），而其他婴儿可能不会经历这种情感高潮或者说低谷。但新生儿之间的共同之处是他们的尖叫声充满了情感。这种呼喊被称为"渴望身体接近"。换句话说，他们表达的是一种物理状态，比如饥饿。这促使研究人员寻找方法分析婴儿产生的声音，以推断它们是否可以被"翻译"为饥饿、饥饿或更饥饿——实际上可能是出于饥饿、疼痛或挫败而发出的哭声。

这些情绪激动的新生儿的哭声对任何听到的人的大脑都有着强大的影响，这种反应在动物界普遍存在。2014 年，加拿大和美国的生物学家对鹿进行了实地研究，他们通过扬声器播放小鹿的哭声，发现母鹿几乎总是会朝声音的来源跑去。[2] 当研究人员播放其他动物的哭声，如小蝙蝠、海狮幼崽、小猫和小山羊的哭声时（但他们会改变哭声的音调或者感觉，使其接近小鹿的哭声），也会看到同样的行为。

此后，2015 年对小鼠的一项研究发现，当听到迷路的幼鼠的哭声时，母鼠会抓住幼崽的脖子把它带回来，但这需要学习；初次做母亲的小鼠一开始并不对这种哭声敏感，但随着时间的推移会变得更能感知。当科学家把催产素输送到没有幼崽的母鼠的听皮质（这个区域与听觉和解读声音有关）时，它们甚至开始表现得像有经验的母鼠一样，即使此前从未听到过哭声也会把幼崽带回来。[3] 2017 年，来自德国、法国和美国的研究人员进一步进行了研究，他们移除了一簇大约有 1.7 万个神经元的脑细胞，这些细胞负责让小鼠幼崽产生快速、积极的呼吸。结果就是当这些幼崽张口哭泣时，它们没有发出任何可被听到的声音。[4] 令人难以置信的是，母鼠完全忽视了所有的幼崽，它们死了，这表明了声音对早期照顾后代的强大影响。

那么人类呢，我们是否也会"承受"同样的影响？看起来是这样的。2017 年，研究人员研究了与新手母亲对婴儿的哭声反应有关的大脑模式。他们研究了来自 11 个国家的 684 名妇女，这些国家包括阿根廷、比利时、法国、以色列、日本、肯尼亚和美国。研究发现，无论是在哪个国家，母亲几乎都会抱起哭泣的婴儿，和他们说话。[5] 对其中一些妇女进行 MRI 扫描后，研究者发现婴儿的哭声在新手母亲和有经验的母亲身上激活了类似的脑区。在脑扫描中亮起的一个区域是补充运动区，与移动和说话的意图有关，而语言相关的额下回区域也活跃起来。

尽管婴儿的哭声无疑影响了女性，但同样的哭声也影响了男性，只是影响可能没有那么大。2013 年的一项研究对 18 名男性和女性进行了一个饥饿婴儿的哭声测试。[6] 在女性的大脑中，这种声音打断了正常的大脑活动，使女性立即行动起来。然而，这种效果在男性的大脑中并未达到相同的程度。在一定程度上，这至少解释了为什么当我的儿子们饥饿地哭泣时，我在夜里从未被打扰过。是我的妻子不得不从床上爬起来给他们提供所需，或者当我必须做这件事时，她会推我一把。好吧，至少现在我有了科学的借口。

至少对我们中的一些人来说，照顾工作的一部分原因是婴儿的哭声足够大。毕竟，没有人想要长时间听婴儿的哭声。婴儿不仅非常擅长制造噪声（各种意义上的噪声，我们很快就会讲到），而且可以让这种噪声长时间持续。人类乃至所有的哺乳动物，都通过声带（也被称为声襞）产生这些令人眩晕的声音。声带位于喉部。感谢演化让所有哺乳动物的喉部都以相同的方式工作。膈肌将空气从肺部推入气管，在气管的顶部是一根 5 厘米长的管子，被称为喉部。大约在喉部的中间有两条声带，类似于两块拉起的窗帘，每条声带看起来像一块横跨喉部的皮肤薄片。肺部的气流压力使声带像簧片一样振动①，人体中没有什么东西能以比声带更高的频率振动，由它们产生的声音取决于声带的长度和弹性。

　　考虑到婴儿可以长时间持续不断地哭泣，他们如何才能在不损伤声带的情况下这么做呢？如果你大部分时间都在尽声尖叫，你的声带第二天就不会是原来的样子了。在这方面，婴儿可能和你想象的狮子和老虎有更多的共同之处。2011 年，美国犹他大学国家声音和语言中心主任英戈·蒂策②是世界上哺乳动物声音方面的顶级专家之一，他和他的同事解剖了狮子和老虎的喉部，并对它们的声带进行了机械测试，以了解这些组织能承受多大的压力。他们发现，只需要少量的肺部压力就能产生大的振动和强烈的声

---

① 空气通过声带后，声带会因伯努利效应而闭合——这个原理是以 18 世纪瑞士数学家丹尼尔·伯努利的名字命名的。

② 蒂策还是一位出色的男高音歌唱家，并对歌剧嗓音进行了开创性的研究。他曾与电脑控制人类喉部一起演唱普契尼歌剧《图兰朵》中的"今夜无人入睡"。计算机以著名男高音歌唱家卢恰诺·帕瓦罗蒂的形象出现，但没有使用他的声音录音，而是将男高音嗓音的一般解剖结构输入了产生声音的模型。

音。[7]蒂策发现的另一个特点是，狮子的声带内有一层脂肪，而其他一些动物的声带内是韧带。脂肪是柔软的，为声带的振动提供了更多的余地。蒂策和他的同事怀疑，狮子和老虎喉部的脂肪细胞也能快速修复，使声带不受损伤。

新生儿的声带只有大约7毫米长，但仅有一层暂时的均质紧密胶原结构，有点儿像凝胶。这种新生儿声带内的凝胶状层提供了额外的缓冲，就像狮子声带内的脂肪层所起作用一样。这种单层结构可以受到肺部极为强力的驱动，不会受到伤害，使婴儿能够长时间并且响亮地哭泣。据称，婴儿可以比成人更快地修复声带受损，速度大约是成人的10倍。除此之外，婴儿声带还有一层厚厚的黏液，这有助于吸收能量；黏液的分子结构也有助于快速修复。随着婴儿的年龄增长，这个单层结构变得越来越薄，直到孩子三四岁时，声带就具备了成人的结构。①

利用声道发出声音，也就是发声，是一个复杂的过程，涉及声道的许多不同方面。由声带产生的声波通过喉咙、鼻子和嘴传播，以特有的音调产生你的声音。当然，实际过程更复杂，并且在传播过程中可以进行调整。鼻腔的大小是固定的，但舌头和嘴唇可以改变口腔的大小，以改变声波的属性。例如，如果你大声说出"啊啊啊啊啊""哦哦哦哦哦""噫噫噫噫噫"，你会注意到你的嘴在移动以发出所需的元音。所有这些因素（声带的大小和形

---

① 男性声带长约20毫米，女性声带长约14毫米。声带的外层是上皮（或皮肤），厚约0.1毫米，表面覆盖着黏液；下一层是固有层，主要由弹性纤维、成纤维细胞和胶原纤维组成；第三层是甲杓肌，构成声带的主体。

状，以及喉咙、鼻子和嘴的大小和形状）决定了音质。就像声带是声音的源头，声道则是过滤它的器官。

通常，人类说话、哭泣或唱歌的方式是让声带完美地同步振动，导致规律的振荡。声带最低和最强的自然振动被称为"基频"。男性产生的基频通常在 85~155 赫兹，而女性由于声带稍短，可以产生稍高一些的频率（频率与声带长度成反比）。发声中除了基频，还有其他的频率，它们是基频的整数倍，即 1 倍、2 倍、3 倍等。这些被称为谐波，例如 200 赫兹的基频会有 400 赫兹和 600 赫兹的谐波，但强度低于基频。实际上，声带系统是一个复杂系统的完美体现，它有复杂的输入，但以某种方式自组织，在许多情况下产生简单的输出——一个带有相关谐波的基频。

自 20 世纪中叶以来，这种完美的同步（基频和相关谐波）被认为是声带产生声音的主要方式。但事实证明，人类婴儿及其他哺乳动物做的事情更有趣，转而涉及粗糙的或者说"混沌"的声学领域，尤其是当声音达到 11 级时，这可能在一定程度上解释了为什么新生儿的哭声对大脑有如此强大的影响。那么，我们说的混沌发声是什么意思，新生儿如何以及为什么可以这样呢？

❀　❀　❀

在 20 世纪初，经典的世界观是认为物理现象可以简单地二分，也就是分为确定性系统和随机性系统两类。确定性系统遵循的是可预测的规则模式，而随机性系统则没有这样的模式，就像掷骰子一样。换句话说,事物要么是可预测的,要么是不可预测的。然而,在 20 世纪 60 年代初,这种观点发生了剧变。当时,美国数学家和气象学家爱德华·洛伦茨证明,有一种现象既包含了确定性,又包含了随机性,现在我们称之为确定性混沌。洛伦茨当时在研究天气预报,他通过复杂的计算进行长期预测。他发现他的方程并不是纯粹确定性的,而是对系统初始状态的变化非常敏感。事实上,即使在预测中使用的数值有微小的差异,也可能产生长期的巨大影响。洛伦茨的工作引发了一场科学革命,他被誉为现代混沌理论的创始人——混沌理论研究的是看似随机的系统行为,但实际上属于受确定性法则控制的系统。①

这种对初始条件的敏感性是混沌系统的一种关键特性,被广泛称为蝴蝶效应。我见过的最好也最简单的解释,就在经典电影《侏罗纪公园》中。影片中出镜最久、最讨人喜欢的角色之一是伊恩·马尔科姆(由杰夫·高布伦饰演),他是一位专门研究混沌理论的数学家。他受邀评估约翰·哈蒙德的恐龙主题公园"侏罗纪公园"的安全性。马尔科姆对该公园的概念持悲观态度,并在整部电影中毫不犹豫地提供他的反馈(当然,随着电影的推进,事实证明他是正确的)。有一幕是马尔科姆和古植物学家艾丽·塞特勒(由劳拉·邓恩饰演)一起乘坐观光车参观公园,塞特勒也被带到公园来给出她的判断。

马尔科姆开始一边谈论他的工作——混沌理论,一边与塞特

---

① 有关混沌的一切以及这个故事的更多信息,请参阅经典科普读物《混沌》 [*Chaos: Making a New Science.* Gleick, J. (1987) Viking Books (New York)]。

勒调情。马尔科姆牵起塞特勒的手，轻轻地在她的手背上滴下一滴水，他们一起看着水滴流走。然后，他又滴下第二滴水，发现它往一个不同的方向流去。"就是这样。"他说。马尔科姆所暗指的是，任何初态的微小变化（在这种情况下，是水滴落在手上的位置的微小变化）都可能导致截然不同的结果。

与洛伦茨同时期的其他科学家也独立地发现了混沌的丰富性。自然界最著名的例子是 20 世纪 70 年代由澳大利亚理论物理学家罗伯特·梅发现的。他是理论生物学先驱，利用他的数学背景来研究生态问题。在普林斯顿大学工作时，梅研究了一个描述人口数量急剧增减的数学公式。他发现，当他在方程中增加一个特定的参数时，人口数量以一种简单的方式上升，有点儿像图表中的直线。到此为止一切都好，但在某个临界点，模型的输出不稳定，而是在两个值之间跳动（见图 10-1）。这就像一个池塘中的鱼在两个不同的种群数量之间交替波动：这个公式并不希望种群数量固定在一个特定的值。这种从一个体系到下一个体系的跳动被称为分岔，是混沌系统的一个关键特征。

如果这个关键参数被进一步提高，系统就会到达另一个临界点，分岔出 4 个不同的种群数量，以此类推，直到最终这种不同值之间的周期性跳动变为混沌，即它在许多次变动之后并没有真正稳定下来。有趣的是，当混沌体系中参数增加时，更稳定的体系隐藏在其中，种群数量会回到两个值之间的稳定状态——这是混沌中的秩序之窗。[8] 这是一个令人难以置信的发现，它帮助创建了理论生态学领域。

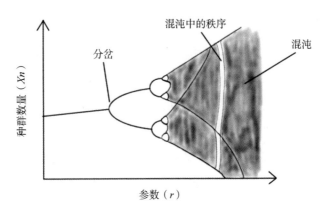

图 10-1　在非线性系统中，改变单一参数可能会产生混沌效应

科学家有了一个新的"玩具模型"，他们在大多数地方都发现了混沌的证据。这甚至让物理学家重新审视他们认为已经基本解决的旧问题，比如简单的钟摆问题。世界上到处都是钟摆，当你去当地的公园游玩时会觉得尤其如此（参见本书的第 4 个插曲）。简单的秋千是一个可以维持周期性行为的振子，但是每个顽皮的青少年都知道，如果你过度推动秋千，链条就会在某个时候扭曲，运动会出现"不连续"。当你有多个被耦合在一起的振子时，可以看到类似的问题和奇特的行为。20 世纪 70 年代的研究表明，看似简单的两个耦合振子的模型可以产生复杂的运动模式，包括混沌行为。耦合振子可以是安装在木结构上的钟摆（通过结构本身耦合），也可以在心跳节律中看到——心律不齐时可以看到混沌现象（在心脏这样一个重要的器官中看到这样的行为，想想都有些担忧）。

你可能会问这一切与婴儿的哭声有什么关系？好吧，耦合振子的另一个实例是声带，它受到复杂的"输入参数"影响，如来自肺部的气压和气流。但是直到 20 世纪晚期，科学家才在动物的叫声或哭声中注意到混沌的迹象。当科学家对自然环境中的动物进行实地研究时，他们记录了它们的叫声和咕咕声，通过声谱图进行行为分析，这些图表显示了特定频率声音的强度与时间的关系。有一种被广泛研究的动物是猕猴，尤其是波多黎各圣地亚哥岛上的一个种群。[9] 在 20 世纪 60 年代，科学家做了大量的记录，特别是成年雄性产生的快速连续叫声。科学家发现了一系列的行为，包括一个"清晰的叫声"，其中一个基频及其相关的谐波占主导地位。他们还记录了其他的叫声，这些叫声仍然被标记为咕咕声，但音调略显刺耳。随着时间的推移，当记录某些个体时，研究人员发现咕咕声变得更加刺耳，包括某个范围的一系列频率，有点儿像旧式电视机调到错误频率时发出的噪声。

　　科学家经常在连续的叫声中测量这三种情况：首先是相当简单的基频和谐波，其次是其他谐波的存在，最后是"噪声"（在这种叫声中存在许多频率）。但这种嘈杂的叫声并不会只出现一次，它在一个普通个体的样本中占比约 30%。这种叫声在成年雄性中相当罕见，在年轻的雄性和雌性中却更为突出。当时，生物学家关注听起来更简单的叫声，忽视了这些嘈杂的特征，可能是因为他们没有必要的工具来详细分析它们。直到 20 世纪八九十年代，科学家才开始使用确定性混沌理论研究这些类型的叫声，发现噪声中存在某种结构。现在人们认为，这种混沌或刺耳的叫声在动物界有几项功能：第一是吸引注意力，第二是传达脆弱感，第三是为了吸引配偶而传达"健康"的感觉。

但显示这些光谱特征的并非只有猕猴的叫声。1986年，德国理论物理学家汉斯彼得·赫策尔偶然发现了卡特勒恩·韦姆克的一篇有趣的博士论文，论文主题是婴儿的哭声。韦姆克于1987年在柏林洪堡大学获得生物学博士学位。鉴于新生儿唯一的交流方式就是他们发出的声音，韦姆克想要查明是否可以将哭声用作某些神经系统疾病的早期诊断工具，为此，她对新生儿的哭声进行了几次声谱图分析。当时，赫策尔刚在同一所大学获得非线性动力学和混沌方向的博士学位。当他看到韦姆克论文中的声谱图时，他惊讶地发现它们似乎显示出复杂的行为，类似于几十年前对猕猴进行的记录。"当我看到这些数据时，我被深深吸引住了，"赫策尔说，"我跃跃欲试，想要研究它。"

❋　❋　❋

拥有理论物理学背景的赫策尔对生物学和声道生理学知之甚少，于是接下来的几年，他在大学图书馆阅读有关声带解剖学和发声过程的书籍。然后，他与韦姆克和来自柏林科学院的数学家汉斯·维尔纳·蒙德联手研究婴儿的哭声。他们对70名早产和足月婴儿（年龄在1~5天）的哭声进行了高分辨率的频谱分析。最初，频谱图显示出基频及其谐波的存在，但随着时间推移，哭声变得更为刺耳，并且正如赫泽尔推测的那样变得混沌。[10]他们使用混沌理论的数学方法，注意到当基频及其谐波存在，但还有频率是谐波值一半的其他声波存在时，会有一次向亚谐波的"显著的尖锐转变"。然后，又发生了另一次向确定性混沌的转变（其中存在许多频率），就像猕猴身上出现的一样。

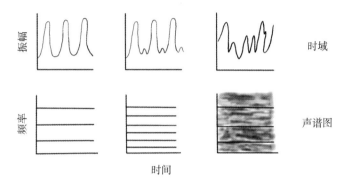

图 10-2　声谱图中出现谐波（左下）、亚谐波（中下）和混沌（右下）

　　赫策尔在 1990 年发表的研究结果开创了非线性人声研究领域，导致 20 世纪 90 年代涌现了大量的研究成果。在那个 10 年里，蒂策与赫策尔合作开发了一个喉部模型，然后将其应用于声带麻痹的人，结果也显示出混沌的特征。[①]这就证明，考虑到主要有两块肌肉控制音调，物理学可以很好地应用于喉部的输出。虽然最初的发现出人意料，但现在已经被接受，婴儿的哭声会显示出分岔和混沌。而且，婴儿使用的复杂发声方式可能比你想象的要多。

---

① 　例如，在这种情况下，一条声带可能要经过两次振荡才能完成另一条声带的振荡。现在，整个系统需要两倍的时间来完成一个周期，因此周期时长加倍，频率减半（频率是周期的倒数），产生亚谐波；见 Herzel, H., Berry, D., Titze, I., et al. "Nonlinear Dynamics of the Voice: Signal Analysis and Biomechanical Modeling." *Chaos* 5 (1995): 30–34.

早期关于婴儿的研究主要涉及疼痛相关的哭声，显示出大约一半的疼痛相关哭声有亚谐波或混沌行为。[11] 后来，对非疼痛相关哭声的研究仍然显示出亚谐波。例如，在生命的前两个月，大约一半的哭声中都存在亚谐波，到了三个月时，这个比例下降到大约30%。[12]

我们并不确定人类声音中的非线性效应究竟来源于何处。这可能来自声带的耦合振动、声带的应力和应变，或者空气经过声带时的压力。蒂策说："在人体内，很少有线性的东西——一切都有非线性。"这引发了一个问题：为什么新生儿会产生如此嘈杂和混沌的发声。原则上，所有人都可以产生混沌的发声，但成人往往"学会"了不产生这种发声，主要是因为这需要巨大的肺部压力来驱动声带。对健康的婴儿来说，并不是说他们会失去产生混沌发声的能力，而是他们逐渐不使用这种发声方式；到生命的第三个月，他们的发声控制能力就会得到改善。这也得益于婴儿喉部的生理结构——出生时位置比成人喉部稍微偏上，只有喉部在三个月到四岁之间下降，才能更好地控制舌头和嘴巴。

然而，有一点似乎非常清楚：婴儿的混沌哭声非常有效地吸引了我们的注意力。事实上，人类的听觉系统对声音的刺耳程度和混沌极为敏感。它能引发我们的或战或逃反应，或者至少能引发情绪反应。[13] 作曲家对此非常了解，他们在恐怖电影中利用了声音的刺耳程度。这些可以是尖叫般的声音，例如，阿尔弗雷德·希区柯克的电影《惊魂记》中那个臭名昭著的淋浴谋杀场景的配乐。声音的刺耳程度被用来操控反应，创造紧张和恐怖感。婴儿的哭声当然也十分骇人。"如果一个婴儿发出了美妙的歌声，母亲或父亲可能会说'这很好，继续吧'，"蒂策说，"那样不会是一种有效吸引注意力的方式。"

看来，哭泣是为了对听者产生特定的影响，婴儿哭声的刺耳程度使人几乎无法抗拒，任何试图在婴儿哭泣时入睡的人都可以证明这一点。通过将声带驱动到极限以产生混沌的发声模式，新生儿能够立刻吸引到任何在听力范围内的人的注意力。所以，下次当新生儿发出极大的、刺耳的、引人注意的哭声时，想想看，那可能是分岔和混沌在发挥作用。这样的哭声最终会为语言让路（尽管不会完全消失），而这将带来独特的挑战。[①] 当谈到保护声带不受损伤时，新生儿与成年狮子和老虎的共同点多于与成年人类的共同点。所以，当你半夜起来安抚崩溃大哭的饥饿婴儿时，希望睡眠不足的你能因为你的小宝宝与他们睡衣上的卡通猴子或狮子的复杂发声方式的相似之处，露出一丝微笑。

---

① 有人认为，哭声标志着语言发展的开端。更多内容请见第 14 章。

第 11 章

吮吸母乳：真空压力的强大力量

　　你有没有感受过睡眠肌阵挛？虽然听起来不太舒服，但你很可能已经经历过，而且并没有受到伤害。这是指身体的一部分（通常是腿部）在你即将入睡时突然移动，如果伴随着梦境，可能会让你感觉自己在移动或突然跌落。

　　新生儿天生就有对跌落感的反应，这被称为莫罗反射。他们感觉自己没有支撑时会突然张开双臂，通常会伴随着发出哭声——可能是我们刚刚了解过的那种混沌的哭声。尽管你尽力想要轻轻地把宝宝放在摇篮里，但有些时候你做得不够温柔，就会导致他们手臂突然向外伸，眼神惊恐，接着可能会有混沌的哭声需要你去应对。

　　除非是助产士在新生儿称重时让婴儿掉落，否则你可以看到的第一个反射是觅食反射。这是指新生儿会把头转向触摸其脸颊或嘴巴的东西。一旦婴儿出生，通常就会是母亲的乳头或是护士的手指帮助启动这个过程。看到一个婴儿张着嘴，拼命寻找乳头，就像出水的鱼一样，可能会让人觉得相当有趣。

当婴儿成功地吸住乳头时，会产生负压或真空，这会让乳头和部分乳晕（乳头周围的深色区域）被婴儿的嘴吸住并保持这样的状态。然后，婴儿会本能地吸吮任何触碰到其口腔上颌的东西，这被称为吸吮反射。这是最早出现的反射之一，早在怀孕的第12周左右，胎儿就会用手指或脚趾在子宫内练习这个反射。随着时间的推移，所有这些婴儿的反射都会消失，甚至包括吸吮反射，这个反射用进废退（当然，这并不影响吸吮的能力）。1948年的一项研究发现，如果只用勺子喂食婴儿（由于伦理问题，现在可能不会允许这样做），他们的吸吮反射在仅仅一周后就会消失。[1]

演化的转折点在于，一旦婴儿开始吸吮，母亲体内有两种激素的分泌过程就会启动。婴儿吸吮时，会刺激乳头旁的神经，促使大脑释放催产素，使得泌乳细胞周围的肌肉细胞收缩，挤出乳汁进入乳管，乳管也会扩张以帮助乳汁流动。这被称为"泌乳反射"。婴儿的吸吮还会促使母亲大脑的垂体释放催乳素，这种激素刺激乳房产生更多的乳汁。所以，婴儿不仅在吸吮乳汁，还在促进母亲的身体分泌更多的乳汁。如果不是哺乳的行为看起来那么可爱，你可能会称之为寄生。

世界卫生组织建议，婴儿在出生后的前6个月应完全以母乳喂养。[2] 是否选择母乳喂养是个人的决定，取决于许多因素。我不会滔滔不绝地谈论自己从未做过的事情。我所能做的只是和缓地加热瓶装牛奶，尝试喂给我的儿子，并尽量让他不要把牛奶吐到我的衣服上，但不幸的是这种情况时有发生。

　　但从科学的角度来看，母乳喂养对婴儿和母亲都有益处，这一点很难反驳。例如，母乳中含有免疫细胞，可以帮助母亲和婴儿抵抗感染。还有证据表明，母乳喂养可以降低母亲患乳腺癌的风险；[3] 对于患有妊娠糖尿病的母亲，母乳喂养也会使她们晚年患 2 型糖尿病的风险降低。[4] 对婴儿来说，母乳喂养有助于他们的面部肌肉为咀嚼和说话做好准备。但母乳喂养的最大好处还是，母乳中含有对婴儿生长和发育来说至关重要的营养素和抗体。[①]

　　初乳是乳房产生的第一种乳制品，通常在出生后的前 60 个小时内可供婴儿食用。有些社会群体曾经认为初乳有毒，所以不给婴儿喝。[5] 但现在，人们普遍认为初乳对婴儿非常有益，初乳被广泛称为 "液体黄金"。尽管如此，但婴儿只能摄取少量的初乳（约 30 毫升），然后初乳就会被成熟乳取而代之。到哺乳的第二周，乳汁的产量通常会达到最大值。产量的范围有很大的差异，但对完全以母乳喂养的婴儿来说，每天大约是 800 毫升。[6] 2016 年的一项对 100 多名女性的研究发现，1/3 的哺乳期妈妈在生产后的第 12 天就达到了这个产量，而其余 2/3 的哺乳期妈妈在 4 周内做到了这一点。[7] 从那时起，乳汁产量在婴儿出生后的前 6 个月内大致保持稳定，然后随着断奶开始下降。[②]

---

① 维生素 D 和维生素 K 对支持婴儿正常生长非常重要，母乳中只缺少这两种重要营养素。维生素 K 可以在婴儿出生后通过注射给予，而维生素 D 通常以补充剂的方式提供。

② 乳汁的产生对人体能量的需求与大脑类似。

母乳中约87%是水，其余是乳糖（7%）、脂肪（3.8%）和蛋白质（1%），以及维生素、矿物质、激素和抗体。乳汁提供的能量来自脂肪、蛋白质和乳糖，而乳汁的成分会随着婴儿喂养过程的推进而改变。先流出的是"前乳"，它比较稀薄，可以让婴儿解渴；而"后乳"则更加浓稠，含有更多的脂肪。[8] 2017年，澳大利亚和美国的研究人员通过对母乳在逼真乳房模型中的流动进行流体动力学模拟，发现婴儿在前两分钟内就摄取了近50%的乳汁，而在前4分钟内，大约90%的乳汁已经被婴儿摄取。这些百分比数据已经得到了临床研究的证实。[9]

除了所有这些营养价值，人乳还含有一种长期困扰科学家的成分。这种复杂的糖分子被称为人乳寡糖（HMOs），如果去掉水分，它们约占乳汁的10%。人乳中有超过200种不同类型的HMOs，[①] 初乳中的浓度是产后几周乳汁中的两倍。[10] 有意思的是，婴儿无法消化HMOs，所以它们未经消化就进入了下消化道。然而，HMOs可以被新生儿肠道中的一种特殊微生物——长双歧杆菌婴儿亚种有效地消耗。当这种微生物消化HMOs时，它会释放婴儿肠细胞可以利用的脂肪酸。长双歧杆菌婴儿亚种还能促进抗炎分子强化免疫系统。

HMOs还能抵御肠道中的病原体，如沙门菌、李斯特菌和弯曲杆菌——这些是引起细菌性腹泻的最常见原因。作为诱饵，HMOs

---

① 在怀孕期间，母体的尿液和血液以及羊水中也存在HMOs，这意味着它们可能在婴儿出生前就带来益处，如助力肺或大脑发育，不过要确定这一点还需要做更多的研究。

使这些恶性细菌黏附于它们而非婴儿自己的细胞。[11] 因此，HMOs
可能有助于解释为什么母乳喂养的婴儿比瓶喂的婴儿患肠道感染
的情况少见。复现HMOs的丰富性，正是新型婴儿配方奶粉和其
他技术发展的动力。一些制造商声称人工制造出了特定的HMOs，
并将它们放在"先进配方"的奶粉中，但复现超过 200 种HMOs
似乎不太可能。不仅如此，母乳还被推测具有"个性化"的属性，
比如在婴儿生长发育期间，母乳的成分会发生改变，包含更多的
脂肪，或者当婴儿生病时母乳会提供抗体。研究人员也在不断发
现母乳的新特性。例如，2021 年研究人员在母乳中发现了甜菜碱，
这是一种也存在于全谷类食物中的氨基酸。这似乎对维持婴儿健
康成长起作用，因为它可以促进新生儿肠道中有益菌的发展。[12]

　　虽然配方奶粉制造商正在努力复制母乳，但一些公司正在采
取更基本的方法，包括在生物反应器中诱导人类乳腺细胞分泌乳
汁。这将针对那些不能母乳喂养但希望给予婴儿最接近母乳的替
代品的女性。虽然这种实验室生产的乳汁不会完全匹配母乳，但
这种技术可以产生数千种成分，如蛋白质、脂肪和HMOs的全部
谱系。研究仍在进行中，目前只能配制出少量的乳汁。但就像实
验室培育的肉类产业一样，实验室制造的母乳可能是未来的潮流。

❈　　❈　　❈

　　想要母乳喂养是一回事，而成功地做到这一点是另一回事。
据 2013 年加州大学戴维斯分校医疗中心对 418 名新妈妈的调查，

超过 90% 的新妈妈在母乳喂养方面遇到了问题。1/2 的人在让宝宝吸吮或其他喂养问题上遇到困难，如乳头混淆，而 40% 的人表示她们不确定自己是否能产出足够的奶。[13] 这些问题的产生，部分是因为哺乳在产科、儿科和一般家庭健康之间的位置尴尬。从历史上看，产科医生会关注孕期，而儿科医生会关注婴儿。但是，母婴之间的互动常常被忽视，没有专家能够提供母乳喂养指导。最近，这种情况在某种程度上有所改变，例如在英国，助产士是负责哺乳期的人。然而，荷兰等国家的助产士并不认为母乳喂养是自己的责任。这促成了一个新的行业："哺乳顾问"。但他们是否真正填补了护理的空缺还值得商榷。[14]

对于我们的第一个孩子亨利，我们遇到了一些一直无法完全解决的母乳喂养问题。他似乎能很好地吸吮，而且会长时间吸吮。但是在出生后的前几周里，护士在连续的检查中发现他在减重。虽然对母乳喂养的新生儿来说，由于体液的流失，出生后体重减轻大约 10% 是正常的，但这种体重减轻通常在出生后的前两周内就会恢复。当他继续减重时，护士建议我们去当地的儿童医院，在那里观察他的喂养情况。一切似乎都很正常，显然他是吃到了一些东西，但可能还不够。（他没有在一次哺乳前后分别称过重，否则就能知道他到底吃了多少。）我们得到的建议是用配方奶粉来补充喂养。当然，这起到了作用，他立刻开始增加体重，但我们不知道体重减轻的原因是什么，这让人感到沮丧。是因为乳汁不足，还是吸吮不够有力，或者是喂养技术的问题？

虽然有大量的研究项目在研究母乳的成分，但对于母乳喂养的所有好处，我们仍然有很多不了解的地方，其中包括一个看似简单的问题：婴儿如何从乳房中吸到乳汁。这是一个自 19 世纪末起就困扰科学家的问题。很明显，婴儿通过吸力将乳房纳入口中。唯一让正在吸吮的婴儿离开乳房的方法，就是用小指插入婴儿口边来打破封闭状态。

但问题是，喂养过程本身是不是婴儿口腔内真空压力改变的结果（在负压大于基线压力的情况下使乳头进入口中）。或者，喂养过程可能是舌头的波浪状或蠕动状运动的结果，因为它从前到后压缩乳头，像奶农挤牛奶一样"剥离"乳头的乳汁。这两种可能性听起来都很有道理。毕竟，现代的吸奶器使用循环的负压成功地从乳房中吸出乳汁，而不需要使乳头进行任何蠕动状运动。另一方面，实际上我们可以通过手动挤压乳房来产生乳汁，并不需要借助真空压力。由于有建模和图像分析技术，现在这些方面的问题正在被阐明，并在此过程中帮助科学家趋于回答一个百年问题：母乳喂养可以被定义为"吸奶"还是"挤奶"。

❀　❀　❀

给婴儿喂奶是哺乳动物特有的行为，而这种营养传输机制就是乳房。乳房的解剖结构最早在 1840 年由英国外科医生阿斯特利·帕斯顿·库珀爵士记录下来。作为当时世界上最伟大的医生之一，库珀可能获取了来自尸体的乳房样本，这些尸体通常是由盗墓者提供的，他们秘密地从墓地中移走尸体。[15] 库珀的仔细解剖和绘制的详尽解剖图为我们理解哺乳期乳房奠定了基础，至今仍被用于教科书中。[16] 通过检查，库珀发现乳房由脂肪组织、纤维组织和腺体组织构成，其中嵌入 15~20 个腺叶。每个腺叶中包含许多腺小叶，它们像葡萄一样挤在一起。一个乳房中大约有 1 万个腺小叶，由它们产生的乳汁通过一根输乳管流向乳头。尽管所有的输乳管都通向乳头，但据推测，只有大约 1/3 的输乳管在乳头尖端开放。

19 世纪晚期，科学家认为要解答新生儿如何从乳房中吸取乳汁的问题，只需测量婴儿吸吮时能产生的压力。然而，准确地做到这一点在实验方面具有挑战性，早期的大部分工作都涉及以一种简单的方式制造人造乳房。这包括一个连接两根管道的人造乳头，一根管道通向婴儿饮奶的奶库，另一根则连接到一个流体压强计，这是一种今天仍用来测量压力的仪器。流体压强计由一根

图 11-1　1840 年，阿斯特利·帕斯顿·库珀爵士绘制的输乳管图像
资料来源：Jefferson 数字公共平台

U形柱构成，其中容纳着已知重量的液体——通常是水或汞。液体位于U形柱的弯曲底部，最初U形柱两边测量的液体高度相同。当向一侧施加吸力时（另一侧关闭），液体会从这一侧的管道中上升，在另一侧的管道中下降。这种高度变化与压力有关，高度变化越大，压力就越大。

19世纪90年代，奥地利犹太医生萨缪尔·西格弗里德·卡尔·冯·巴施最为人所知的发明是血压计，他使用人造乳头设备发现婴儿可以产生大约-10毫米汞柱[①]的吮吸压力。然后，巴施将一个泵放在乳房上，发现直到压力达到-40毫米汞柱时，他才能抽出乳汁。[17]鉴于这种差异，他得出结论，认为婴儿没有足够的吮吸力从乳房中抽出乳汁，因此他们必定是在挤压奶头。[18]

然而，奥地利儿科医生迈因哈德·冯·普芬德勒不同意巴施的结论。冯·普芬德勒认为，婴儿口腔内产生低于大气压的压力，用以从乳房中吸吮乳汁。为了测试他的理论，他让婴儿吸吮一根连接到人造乳头的奶柱，发现"强壮"的婴儿可以吸吮将近70厘米高的奶柱，而"弱小"的婴儿只能吸吮大约20厘米。[19]他得出结论，称通常婴儿有足够的吸力以这种方式从乳房中吸出乳汁。

1951年，来自苏格兰阿伯丁大学产科的生理学家弗兰克·海顿使用压力计发现，吮吸反射可以产生最强达-50毫米汞柱的吸力。[20]他写道："很可能其他研究者报告的更高值是由于使用了有缺陷的设备所得。"他发现，如果婴儿的舌头封住了管子或奶嘴，

---

① 因为是负压，所以用负号表示。

就会产生一种"阀门般的动作"，导致负压积累，超过了"真正"的口腔压力。虽然对这些测量值的关注是必要的，但并不能真正告诉你婴儿进食的机械原理。

当你看到一个婴儿在吸吮乳头时，尽管这个过程令人着迷，但你从外面看到的只是婴儿下颌上下移动着压缩乳晕的节奏。然而，在内部，当舌头上下、前后移动以吞咽乳汁时，许多事情正在发生。人们首次清晰地看到这个过程是在20世纪50年代末，当时来自英国和丹麦的科学家使用X射线扫描，研究了41个正接受哺乳的婴儿。为了拍摄这些图像，科学家在哺乳母亲的乳头上涂上了羊毛脂和硫酸钡的混合物。硫酸钡是一种白色的粉末状物质，它能很好地吸收X射线，因此在扫描中能清晰地显示出来，有点儿像骨头中的钙。

X光片显示，当婴儿吸吮时，除了乳头，他们还会将大量的乳晕含入口中。这形成了一个"奶嘴"，其长度是乳头的三倍，最远处达到上颌的硬腭和软腭交界处。X光片还首次显示，舌头在母乳喂养中起着至关重要的作用。当下颌升起以便将乳头压在口腔顶部的硬腭上时，舌头也会压缩乳头，但它是从前向后逐渐进行的，就像波浪一样。这使得研究团队得出结论，真空会将乳头固定在适当的位置，而婴儿则执行挤压或剥离动作，从乳房中获取乳汁。[21] 这项工作在一段时间内并未引起太多关注，但最终由于揭示了大量关于婴儿吸吮的信息，受到了相当多的关注。由于现在使用电离辐射进行此类研究存在伦理问题，它至今仍然是一项独一无二的研究。

得益于日本筑紫女学园大学的永岛和子设计的一种巧妙技术，20 世纪 80 年代末，有关剥离动作的进一步证据浮出水面。她在伦敦夏洛特女王医院①研究新生儿反射，包括吸吮反射。为此，永岛构建了一个设备，使她能够通过附在带有透明人造奶嘴的瓶子底部的相机，直接观察婴儿口腔内部的情况。她还使用了一种由一束光纤组成的纤维镜，使她能够拍摄婴儿嘴巴的吸吮动作。永岛研究了 287 名婴儿，其中 50 名婴儿在主动喂养和"非营养性吸吮"期间都有记录。非营养性吸吮在喂养开始和结束时发生，以一系列短暂的爆发和休息期为特征，但不会吸出乳汁，也不会吞咽。[22]

通过分析视频画面，永岛得出结论：婴儿吸奶时，舌头会从前到后蠕动状运动。[23] 然而，当她使用一个大孔的奶嘴时，婴儿的口腔被液体淹没，舌头的这种运动消失了，这可能是因为婴儿需要同时进行呼吸和吞咽。有趣的是，永岛还发现，舌头在乳头尖端的表面有周期性向下的"凹陷"，这可能表明婴儿在吸奶过程中创造了额外的吸力。这项研究只对瓶喂进行了深入了解，而瓶喂与母乳喂养有所不同，因为乳头和人造奶嘴在材质上存在差异。然而，它为剥离乳汁的行为提供了更多的证据。

从 20 世纪 80 年代初期开始，研究人员将他们的关注点转向了实时超声技术在母乳喂养难题中可能提供的帮助。[24] 通常，超声波扫描由母亲用"摇篮式抱姿"抱着婴儿进行，然后研究人员将探头放在婴儿的下巴下，以确保不会影响到婴儿对乳房的吸附。

---

① 1988 年，夏洛特女王医院和切尔西妇女医院合并为一家医院，并更名为夏洛特女王和切尔西医院。

美国的研究人员使用超声波扫描发现，乳头特别有弹性，几乎可以拉长一倍。他们推断，乳头的压缩可以将乳汁吸入输乳管，但乳汁释放过程源于"口腔腔体的快速扩大"造成的真空效应。[25] 尽管当时的超声技术有所改进，但扫描时仍然有些噪声，降低了图像质量。毕竟，给一个婴儿哺乳时，有很多事情在发生——母亲在呼吸，婴儿在吸吮和吞咽，总的来说就是在移动。直到10年后，图像分辨率才足够高，让研究人员得以看到有意义的细节。

西澳大学的唐娜·格迪斯是通过超声技术研究母乳喂养的先驱，她以一种相当偶然的方式进入这个研究领域。她是一名临床医生，当时正在对乳房的血液流动进行超声检查。在21世纪初，她参加了大学的一次会议，并遇到了泌乳专家彼得·哈特曼。哈特曼当时正在寻找一位能够加入他的团队并使用超声技术研究泌乳反射的人。鉴于格迪斯的背景，这个职位与她的专业知识完美匹配，她拿到泌乳科学研究生文凭后，在哈特曼的团队中拿到了博士学位。她的博士研究部分由瑞士美德乐公司赞助，该公司是吸奶器和婴儿奶瓶的领先供应商。

2008年，格迪斯及其同事对20个年龄在3~24周的婴儿进行了超声检查。同时，他们还通过连接到传感器的一根管子，测量了婴儿在喂养过程中口腔内的压力。这根管子被插入口腔，其余部分沿着乳头和乳房转向传感器。与永岛在瓶子研究中的发现类似，他们发现舌头靠近乳头尖端的部分稍微向下移动。当这种情况发生时，格迪斯测量的真空压力约为-150毫米汞柱——这比保持乳头在口腔内张开的基线水平-60毫米汞柱要强得多。当这种下

降发生时，他们将其称为"口内真空"，研究人员也在超声检查中
看到乳汁被喷射到婴儿的口中。[26] 根据这一点，他们得出结论：母
乳喂养的一个关键组成部分是舌头的下降，这增加了额外的吸力。
正是真空压力而非舌头的蠕动状运动，使得婴儿能够进食。2012
年的后续研究支持了这一说法，发现在非营养性吸吮期间，乳头
尖端的舌面下降的程度并不如营养性吸吮时那么多。[27] 有两项研究
表明关键技术是蠕动状运动，另一项研究表明是真空压力，婴儿
到底使用哪种技术仍然是一个未解的谜题。也许工程学的方法可
能有所帮助？

✼　✼　✼

以色列特拉维夫大学的生物工程师戴维·埃拉德在职业生涯
中，大部分时间都在研究与生殖有关的问题，无论是囊胚如何植
入子宫，心脏在形态发生过程中如何形成，还是子宫收缩的动力
学。他于 1982 年在以色列理工学院获得生物医学工程博士学位，
并在美国伊利诺伊州西北大学工作一段时间后返回以色列。埃拉
德以其在生物工程方面的专业知识而闻名，特拉维夫苏拉斯基医
疗中心的一位外科医生找到了他，该医生在分析一些显示婴儿努
力吸食母乳的超声波扫描图像时遇到困难。外科医生怀疑这个婴
儿患有一种被称为舌系带短缩或舌系带过短的病，这限制了舌头
的活动范围。这是由舌系带（连接舌头和口腔底部的紧张带状组
织）过于前置或过于硬挺而引起的。在美国，这种病影响了多达

11%的新生儿，通常要通过切开舌系带来释放舌头进行治疗。[28]然而，这种手术的使用（或者说过度使用）仍然存在争议。

然而，帮助这位外科医生分析超声波扫描图像的问题在于，埃拉德没有参照点可用来比较这些图像。于是，他询问医院是否可以对健康哺喂的婴儿进行一些超声检查，最终他得到了9个婴儿的扫描图像。鉴于扫描中的运动量，为了准确测量健康婴儿在吸乳期间舌头的动作，研究人员使用了口腔顶部的硬腭作为固定点，因为他们知道这个区域在喂养期间不应该相对于舌头和乳头有所移动。他们使用这个固定点的技术被称为"刚性配准"。当婴儿吸吮母乳时，他们测量了舌头和乳头的轮廓，以及喉咙后部的口腔软腭。

他们发现，就像20世纪50年代的X射线研究揭示的一样，婴儿开始吸吮时会利用真空压力来拉长接近硬腭和软腭交界处的"奶嘴"，这个地方距离婴儿的嘴唇大约有25毫米。然而，当他们观察位于乳头下方的舌头前部的运动时，他们发现它像固体一样移动——舌头前部完全没有波浪状运动。基本上，舌头的运动是由下颌的周期性运动控制的，并没有像之前的其他研究（除了格迪斯的研究）所假设的那样对乳头进行挤压。[29]研究者确实观察到舌头的蠕动状运动，但这种运动开始于乳头的尖端或更远的地方（不在乳头本身）并逐渐向舌头的后部移动。这种运动使得婴儿可以吞咽乳汁，因为只靠吸力，婴儿是无法做到这一点的。[①]同时，

---

① 众所周知，无论是婴儿还是成年人，舌头后部的蠕动都有助于吞咽。

"奶嘴"会来回移动，并与舌头前部的运动同步，大约 0.6 秒完成一次吸吮——速度相当快。埃拉德从分析中得出结论：婴儿通过用力挤压乳头的基部，并结合不同的真空压力来促进乳汁流动，然后通过蠕动作用吞咽。

生理学家迈克尔·伍尔德里奇在整个职业生涯都致力于研究婴儿喂养的许多不同方面，尽管有这些发现，但他坚信蠕动作用在舌头的前部有一定的作用。他在 1976 年从牛津大学获得动物学博士学位（导师是《自私的基因》和《上帝的错觉》的作者理查德·道金斯），他最初开始研究母乳的营养方面，但逐渐对婴儿如何从乳房中吸乳产生了兴趣。"与大量关注母乳成分的研究相比，母乳喂养的实际方面从未被量化。"他在一次电话交谈中告诉我。

伍尔德里奇从 1990 年开始对母乳喂养婴儿的过程进行超声检查。[30] 他坚持认为，尽管其他研究指出真空作用多么关键，也无法忽视蠕动作用是提取乳汁的主要机制。看看他自己的研究，以及先前显示有蠕动作用的工作，他说从神经学角度看，众所周知吸吮反射会在舌头前部产生蠕动波。

2011 年，伍尔德里奇和在荷兰飞利浦研究所从事信号和图像处理工作的詹卢卡·莫纳奇，试图通过对 29 个母乳喂养婴儿的超声检查记录进行比较，对比舌头前后部分的运动量来证明上述观点。他们发现在大约 50% 的时间里蠕动状运动起支配作用，而口内真空占据了 20% 的时间（其余时间是蠕动和真空运动的混合）。[31] 两人还设计了一个程序，可以自动追踪舌面前部和后部的运动。他们发现舌头在乳头尖端下沉，形成一个"真空口袋"，正如永岛和格迪斯发现的那样（尽管在埃拉德的研究中没有出现）。伍尔德里奇承认，真空口袋显示出循环真空压力很重要，但他坚持这不是主导特征。

在伍尔德里奇看来，婴儿既通过挤压乳房来获取母乳，又通过吸吮乳房来获取母乳。当婴儿用下颌咬住乳房，对乳房组织施加压力时，这促进了乳汁向乳头的输乳管流动。然后，蠕动舌头的动作在乳头的基部将乳汁压出，让它流向乳头的尖端。伍尔德里奇认为，舌头在乳头尖端提供的额外吸力可以延长乳汁的流动时间，增加乳量。据伍尔德里奇称，婴儿往往每吸两次就会做一次舌尖吸力动作，并且总是在吞咽了乳汁之后这样做，这种舌尖吸力动作增强了下一次吸吮时提取乳汁的能力。"总的来说，哺乳时的蠕动和吸力的变化显示了婴儿的适应性。"伍尔德里奇说。虽然有些人可能不同意伍尔德里奇的分析，但是事实上，如果不是在婴儿口腔内产生低于大气压的压力，以及舌头后部进行蠕动以吞咽乳汁的情况下，就无法进行母乳喂养。

超声检查面临的一个问题是，研究人员只能获得二维视图。对舌头的运动有更全面的理解需要三维视图。毕竟，舌头并不是一根平坦的桨。尽管如此，研究结果也显示了一个重要的事实：为了优化母乳喂养，婴儿需要尽可能大口吸乳，确保"乳头"深入口腔，给舌头充分的机会进行各种动作，使乳汁最大限度地流动。尽管关于婴儿如何吸乳的结论尚不明确，但研究母乳喂养机制的更大意义可能在于诊断出影响母乳喂养的疾病，以及改进奶嘴和吸奶器的技术。

　　埃拉德和他的同事正利用他们基于婴儿吸吮的分析技术，来研究诊断和治疗母乳喂养问题的方法。2021 年，他们研究了患有舌系带短缩、吞咽困难或唇系带过短的婴儿，其中唇系带过短是指婴儿上唇后面的一块组织过短、过紧，限制了上唇运动。

　　在患有吞咽困难的婴儿身上，研究团队发现，舌头的后部和前部都没有进行蠕动，进一步证实了舌头在吞咽乳汁中的关键作用。在舌系带短缩的患儿身上，他们发现喂养期间舌头的运动非常混乱，没有健康婴儿所表现出的平稳周期性喂养。然而，当埃拉德在患儿接受小手术后进行同样的分析时，他们舌头的运动变得像没有舌系带短缩的婴儿一样。[32] 在手术前后的唇系带过短的婴儿身上，也可以看到类似的效果。"这项研究提供了一种客观方法来解释母乳喂养的效率或缺陷。"埃拉德指出。

　　至于格迪斯，她同意超声技术和母乳喂养机制研究的进一步发展最终可能为那些喂养困难的女性提供新的诊断工具。但是，在这些技术得到广泛应用之前，她们可能需要更多的支持。正如伍尔德里奇所承认的，虽然找到愿意资助母乳成分研究的资助者相对容易，但关于母乳喂养的其他重要方面（比如机制）的研究就要难得多了。"人们总是在谈论母乳喂养对婴儿的重要性，"埃拉德说，"但在理解其机制方面，这是一个长期以来资金短缺和被忽视的领域。"

吸奶器和奶瓶背后的物理学

　　你可能会认为吸奶器是相对现代的发明，但实际上，它们自古罗马和希腊时期[1]便已存在，尽管那时的吸奶器和我们现在所熟知的样式大不相同。首个被记录的吸奶器设备是由美国纽约的发明家奥威尔·H. 尼达姆于1854年制造的，他为一种手动操作的机械设备申请了专利，简单地称之为"吸奶器"。该设备的核心是一个吸球，通过一根管子连接到一个放在乳房上的玻璃杯。后来，又有了诸如1874年的可移动收集奶瓶等创新。这些早期设备都是基于奶牛挤奶机的机械设计。直到19世纪末，吸奶设备才开始模仿人类婴儿的吸乳方式。美国艾奥瓦州的发明家约瑟夫·胡佛申请了一种通过弹簧产生"脉动运动"的设备的专利，这解决了之前的设备对乳房产生持续拉力的问题。遗憾的是，许多这样的手动设备无法从乳房中排出足够多的奶，而且速度慢。它们主要通过挤压球体并等待其重新充压后再次挤压来操作。

1928 年，发明家伍达德·科尔比设计了一种能保持恒定真空的设备，使得吸收和释放乳汁的循环得以实现，在某种程度上类似于现代吸奶器的工作方式。这使得每分钟的吸奶次数比以前要多得多。

然而，当时的吸奶器仍然是医疗设备，用于治疗如乳头内陷等病症，或者用于帮助早产儿或不能产生足够真空压力来吸乳的婴儿。舒适度往往被忽视（有些人说今天仍是如此），或者根本没有被考虑进去。1942 年，首台医院级电动吸奶器的出现带来了改进。这台由瑞典工程师埃纳尔·埃格内尔设计的吸奶器，其最大负压为 –200 毫米汞柱。

20 世纪 40 年代及以后，越来越多的公司对吸奶器市场产生了兴趣。阿美达公司成立于 1942 年，制造埃格内尔设计的吸奶器以出售给医院。瑞士公司美德乐成立于 1961 年，并在 1980 年发明了一种可以在医院内移动的吸奶器。到了 20 世纪 90 年代末和 21 世纪初，这两家公司都已经推出了首款家用吸奶器，此后许多其他公司也纷纷推出了自己的创新产品。尽管吸奶器带来了灵活性，例如让女性能够在全职工作的同时实现全母乳喂养，但它们仍有很大的改进空间。它们噪声大，限制性强，价格昂贵，最糟糕的是，它们可能会引起疼痛。我至今仍然能听到我妻子使用的吸奶器的脉动声，以及看到它如何以吸吮的方式明显地移动整个乳房——这与婴儿吸乳时的情况完全不同。以色列生物工程师戴维·伊拉德说："现代吸奶器就像吸尘器一样。"他补充说，吸奶器的操作压力过高（大约在 –150 至 –200 毫米汞柱），并且采用拉扯和释放的动作，这可能会引起疼痛。

图C-2　吸奶器（1870—1901 年，英国伦敦）

资料来源：伦敦科学博物馆

　　目前已经有了一些倡议来解决这些问题。例如，麻省理工学院媒体实验室在过去 10 年里定期举办"黑客马拉松"活动，聚集了数百名家长、设计师、工程师、助产士和吸奶器制造商，共同讨论问题和测试解决方案。[2]这已经带来了几项创新，比如Mighty Mom Hush-a-Pump套装，可以将典型现代吸奶器的噪声降低约50%。

　　吸奶器之所以以如此高的压力工作，是因为这样很有效。毕竟，没有人想花几百美元购买一个吸奶器，拿回家后发现它无法工作，或者需要花费几个小时才能吸出几毫升的乳汁。2008 年，西澳大学的唐娜·格迪斯及其同事的一项研究显示，提取乳汁最理想的方式是使用"感觉舒适的最大真空度"。这被定义为比你个人用吸奶器吸奶时感觉痛苦的压力低 10 毫米汞柱。[3]

在对 21 名女性的研究中，有 1/2 的人可以承受 −200 毫米汞柱以上的压力，并且在这个值附近挤奶 15 分钟会比使用较低的真空水平（如 −125 或 −80 毫米汞柱）得到更多的乳汁，速度也更快。当真空压力低于 −80 毫米汞柱时，女性受试者无法提取出任何乳汁。因此，该研究团队得出的结论是，为了最大限度地增加奶量并缩短吸奶时间，母亲应使用自己感觉舒服的最大真空度，无论那个值有多高。

❋　❋　❋

一旦母乳被挤出，就需要储存并喂给婴儿，通常是通过奶瓶和人造奶嘴来哺喂。与吸奶器的情况类似，人们可能会认为奶瓶是现代发明，但是使用设备给婴儿喂奶的做法自古就有。最早的喂奶器具的明确证据可以追溯到约公元前 2000 年。2019 年，研究人员分析了从德国巴伐利亚地区的青铜时代新生儿墓穴中取出的几个小型黏土容器中的沉积物。[4] 长期以来，人们认为这些看起来有点儿像神灯的容器被用于其他目的，而不是喂养婴儿。但是化学分析显示，动物奶中脂肪酸的特征存在于容器内的残留物中。

自古以来，没有被亲生母亲哺喂的婴儿（可能是因为母亲死亡）可能会被奶妈代哺，也就是一个女人为别人的孩子哺乳。这是最安全、最常见的哺乳代替方案。随着时间的推移，代哺相关的负面观念增加，结合动物乳汁和奶瓶的可用性，逐渐导致了替代喂养方法的出现。[5] 有时这只涉及婴儿直接从动物的乳房中吸奶，最著名的描绘可能是铜雕《卡比托林狼》，这座雕像描绘了双胞胎兄弟罗穆卢斯和雷慕斯，他们的故事讲述了罗马建立的过程。他们直接从一匹狼身上吮吸乳汁，被这个动物奶妈拯救。

当然，并非所有未被母乳喂养的孩子都有可能全天候地接触到牛、羊、山羊甚至驴。[6] 还有一个问题是，奶在挤出几个小时后就会变质。因此，用动物或挤出的母乳间接喂养，需要一个适当的容器来盛装乳汁以供吸吮。中世纪常见的一种喂奶瓶是牛角，它在尖端有一个小孔，可以将它变成一个喂奶器。[7] 到17世纪，欧洲的婴儿喂养设备包括木制、锡制、玻璃制、银制和陶瓷制的器具。它们大多像茶壶，有壶嘴和对侧的壶把。布或海绵也被放在孔上，以便乳汁能过滤通过。

随后出现了一些创新，包括在1700年，伦敦米德尔塞克斯医院的医生休·史密斯发明了"乳房壶"。[8] 它由锡制成，看起来像一个小咖啡壶，壶嘴从底部突出。壶嘴的末端有一个圆形的旋钮，史密斯描述它"看起来像一个小心脏"。壶嘴的末端有三四个小孔，上面松散地绑着一块布来过滤乳汁。史密斯观察到，使用它的婴儿不会被从嘴中流出的乳汁所淹没，使得喂养过程更加顺畅。

尽管在设计上取得了成功，但当时有一个巨大的问题，那就是保持这些设备的清洁，因为设备最内部的区域往往充满了细菌。当这个问题与缺乏适当的乳汁储存和消毒条件相结合时，据估计，19世纪在生命的第一年被人工喂养的婴儿有1/3死亡。[9] 为了使瓶喂更安全、更容易，人们做出了努力。玻璃瓶被广泛引入，后来的设计中还用到了耐热玻璃。橡胶奶嘴也被创造出来，虽然它们

最初有一种令人反感的气味和味道，但 20 世纪初的发展改善了它
们的使用。

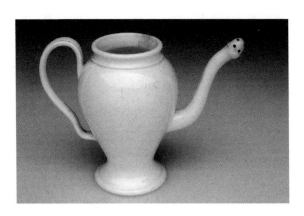

图C-3　用于喂养婴儿的乳房壶（1770—1835 年，英国）
资料来源：伦敦科学博物馆

　　如今，我们有了塑料奶瓶和硅胶奶嘴，它们提供了各种不同
的流速（尽管我们的孩子偶尔还是会被乳汁淋湿）。创新还在继
续。格迪斯说，对母乳喂养机制的了解（参见前一章）正在改善
状况，解决这些问题。当婴儿用奶瓶时，他们倾向于像在乳房上
那样吸吮，但更注重产生更大的真空吸力。乳头和人造奶嘴的材
料特性不匹配，会导致舌头产生更混乱的动作。奶嘴比乳头更容
易被压缩，而且不会重新塑形以适应婴儿的口腔，这可能会造成
问题，因为婴儿必须同时应对连续的乳流和呼吸，这可能导致乳
汁从婴儿嘴里喷出来，或者引发咳嗽和窒息。

　　现代婴儿奶瓶的开发者试图通过让婴儿控制乳汁的流速，来
解决其中的一些问题。有些奶瓶被设计成乳汁的流速由婴儿的吸

吮来调节，乳汁从瓶子中以特定的方式流出。这意味着仅仅压缩乳头并不能吸出乳汁，婴儿必须像吸吮乳房一样产生真空吸力。

　　他们的目标是为婴儿提供尽可能接近母乳喂养的体验。但这不仅仅是现代的愿景。正如史密斯在他于 18 世纪设计乳房壶时所写的："孩子对它的满意度和对乳房一样，它从不会把婴儿弄湿，他必须为每一滴奶付出努力……这在喂养婴儿时省去了很多麻烦。"[10]

第 12 章

睡眠与婴儿大脑：用统计物理分析睡眠模式

对父母来说，没有比睡眠更大的问题了——无论是你自己的睡眠还是新生儿的睡眠。我昨晚睡了几个小时？婴儿白天应该小睡几次，什么时候开始减少小睡时间？我什么时候才能期待我的孩子整夜睡觉？（永远也不够早。）

"睡得像个婴儿"这种说法存在是有原因的。新生儿确实睡得很多，在出生的前两周，他们平均每天睡大约 16~18 个小时。这个"平均"范围相当大，有些婴儿每天幸福地睡 19 个小时，而有些婴儿令人惊恐地只睡 9 个小时。[1] 一开始，知道婴儿睡得很多可能会给新手父母一种错误的安全感，但到第一个月的末尾，婴儿睡眠的总时间已经平均减少了 2 个小时。

问题在于，尽管婴儿睡得很多，但他们也经常醒来，包括在夜里。主要的原因是新生儿的胃很小，所以每次睡觉的时间可能在 30 分钟到 4 个小时之间，然后他们会因为饿而哭闹着醒来。婴儿还没有建立昼夜节律，所以他们的内在生物钟还没有调整到每天 24 个小时。新生儿开始发展出对昼夜的感知，大约是在出生后的 12~20 周，遗憾的是，你无法做很多事情来加速这个过程。[2] 婴儿开始整夜睡觉的时间也是如此。人们认为，规律的睡眠模式迹象只有到婴儿 8 个月大的时候才会出现，然后需要一年的时间才能完全稳定下来。

科学家提出了很多关于我们为什么需要睡眠的理由，其中最主要的两个是神经修复和指向学习能力的神经重组。当我们清醒的时候，大脑会因为诸如血液流动和有害化学物质与蛋白质的反应而"磨损"，睡眠有助于清理这些物质。对成年人来说，良好的夜间睡眠时长（这是新生父母梦寐以求的，当他们能够睡觉的时候）应该是 7~9 个小时。

成年人的睡眠分为 4 个阶段，完成一个完整的周期大约需要90 分钟，这意味着每晚可以完成五六个睡眠周期。第一阶段是浅睡期，是清醒和睡眠之间的过渡。然后是第二阶段，此时体温降低，大脑活动开始减慢，使人更难醒来。第三阶段是深度睡眠期，肌肉放松，血压和呼吸频率下降。接着进入最后阶段，即快速眼动睡眠（REM），此时心率、呼吸和眼球运动都会加速。成年人的睡眠中，大约有 20% 的时间处于 REM 阶段。

新生儿的睡眠与成人不同。婴儿直到大约两三个月大时，才能具备像成人一样的睡眠周期分段。[3] 新生儿的睡眠周期比成人短，大约只有 50 分钟，并且他们主要只有两个睡眠阶段。其中一种是"安静睡眠"，此时婴儿看起来更安静，呼吸更慢、更有节奏，更难唤醒。在这一时刻，尽管父母们眼下有越来越深的黑眼圈，但仍会为他们可爱的孩子感到欣喜。在最初的 5 周里，新生儿的睡眠会发生很大变化，非 REM 占比从 2 周时的大约 10% 增加到 5 周时的 20%。

新生儿的大部分睡眠时间（约 50%~75%）都在进行"活跃睡眠"，这基本上是婴儿版本的 REM。[4] 这种睡眠状态的特点是眼皮颤动，呼吸快速、不规则，身体动作，以及偶尔的咕哝声。所有这些动作可能会让你觉得你的小宝宝即将醒来，但其实他或她仍然在睡觉。而且，让我们提醒一下，人人都听过这句话，"不要唤醒睡着的婴儿"。这种婴儿版 REM 的作用对科学家来说一直是一个谜，特别是因为它在婴儿睡眠中的比例如此之大。主流的解释是，这种活跃睡眠支持着他们快速发展的大脑，特别是在生命的前 6 个月里。

一个人需要的 REM 时长会随着年龄的增长逐渐减少，例如，50 岁以上的人只有 15% 的睡眠时间处于 REM 阶段。2020 年，美国的一个跨学科科学家团队查看了 60 项之前的睡眠研究，这些研究检查了从出生到 15 岁的孩子的总睡眠时间、REM 时长、脑部大小和身体大小。[5] 通过分析所有这些数据，他们发现 REM 时长随着脑部变大或年龄增长而减少，但在 2.4 岁时发生了一些令人瞩目的变化。他们发现睡眠的主要目的发生了明显的转变，从主要关注神经重组转变为关注神经修复，这种状态将维持终生。令人惊讶的是，这并不是从组织到修复的渐进调整，而是一个突然的变化。

无论对婴儿还是对成年人来说，夜间的睡眠都比仅仅进入更深的睡眠之后再次醒来（就像条形图上的完美步骤）要复杂得多。不仅有在周期各个阶段之间的反复切换，还有短暂地从深度睡眠中唤起你的大脑活动峰值（你仍然是睡着的），或者从浅睡期到清醒的转变。这种情况往往在过渡到不同的睡眠阶段时发生，这种短暂的觉醒或唤醒可以在成年人、儿童和新生儿身上发生，而且可以在夜晚的任何时候发生。

对这些转变的统计分析表明，成人的觉醒长度并不固定，可能从几秒到几分钟不等，但特征性持续时长是 22 分钟，每晚产生 10~15 次觉醒。[6] 这种行为也在其他动物身上被观察到，猫的觉醒间隔时间为 11 分钟，而老鼠的觉醒间隔时间为 6 分钟。[7] 这些事件的物理特性遵循一种被称为自组织临界性的行为。这种行为的一个常见例子是沙堆，沙粒慢慢地在同一点撒下来形成沙堆。过一段时间，形成沙堆的沙粒数量过多，就会引发沙崩。同样，短暂的觉醒可以被分类为大脑的清醒–睡眠机制中的"沙崩"。

睡眠科学家一直对触发这些夜间干扰的因素感到困惑，但以色列巴伊兰大学的物理学家罗尼·巴尔奇从物理角度对此感到十分好奇。2003 年，巴尔奇听到物理学家托马斯·彭策尔的讲座后，开始对睡眠研究产生兴趣，彭策尔是柏林睡眠医学跨学科中心的睡眠研究主任。当时，巴尔奇正在德国康斯坦茨大学攻读硕士学位，研究心脏动力学的物理机制，但他被彭策尔的讲座深深地吸引，于是转换了研究领域。他在巴伊兰大学攻读博士学位，使用统计物理的方法分析睡眠模式。

在博士学习结束后，巴尔奇于 2008 年前往波士顿的哈佛大学医学院。接下来的几年对巴尔奇来说是特别激动人心的时期，不仅是在职业上，在个人生活上也是如此。2012 年，他和妻子期待着他们的第一个孩子降生，一个女孩。但她早产了，只有 24 周的妊娠期。她立即被转移到哈佛大学医学院的新生儿重症监护室（NICU），在那里接受了 16 周的全天候护理。尽管她出生时只有 650 克，但她的情况非常好，离开新生儿重症监护室时（正好在预产期那天），她的体重达到了健康的 3.7 千克——和足月婴儿一样重。"那是一个非常漫长而艰难的时期，"巴尔奇在一次视频对话中告诉我，"唯一的安慰是她在世界上最好的地方得到了照顾。"

当巴尔奇的女儿身处新生儿重症监护室时，他开始研究婴儿猝死综合征（SIDS）和婴儿睡眠，并对新生儿的睡眠与成人的睡眠有何不同产生了极大的兴趣。"我女儿早期的一些经历真正引发了我对婴儿睡眠的兴趣。"巴尔奇补充说。考虑到早产儿患 SIDS 的风险较高，巴尔奇对其危害有了更深的认识。通常，SIDS 发生在婴儿睡眠时，但并非总是如此，有几个 SIDS 相关的风险因素，如父母是否吸烟，是否与婴儿同睡，是否让婴儿趴着睡觉，或者是否给婴儿裹太多的毯子。[8] 令人不安的是，这种情况往往发生在本来健康的婴儿身上，无论是足月婴儿还是早产儿，死亡往往是出乎意料且无法解释的。

好在 SIDS 很罕见。在美国，以 1999 年为例，SIDS 相关的死亡人数为每 10 万例活产中有 130 例；现在，SIDS 相关的死亡人数为每 10 万例活产中只有 35 例。[9] 这种死亡率下降的原因之一是人们变得警觉，并了解了相关知识。通常，新生儿父母被告知要让婴儿仰卧睡觉，避免在室内吸烟，并确保婴儿的脚位于婴儿床的底部，以防止它在床单下面扭动，同时也要确保室温不会过热。新生儿病患占SIDS致死人数的大约10%，这种病症在两个月大的婴儿中发病率最高，达到30%，然后迅速下降，到6个月大时只有大约2%的婴儿会死于SIDS；到9个月时，死亡人数几乎为零。[10]人们认为这种风险的降低是因为婴儿可以在床上翻滚或踢掉被子了，例如当他们的脸被毯子盖住时可以摆脱它。在新生儿重症监护室的日子过去后，巴尔奇开始将统计物理应用到睡眠觉醒的神经模型中，在这个过程中，他发现了一种可能与SIDS有关的有趣联系。

❋　❋　❋

无论是新生儿、婴儿还是成年人的睡眠，都源于大脑神经元（神经细胞）中发生的信号交互。神经元是大脑运作的基石，它们是位于脑和脊髓中的可兴奋细胞，形态和大小各异。然而，它们的共同点是具有外星人般的奇特外观。神经元通过树突，也就是从细胞体延伸出的长分支，来接收信号。如果信号超过一定的阈值，神经元就会沿着像生物电缆一样长而细的轴突发送活动脉冲。在神经元的另一端是轴突末梢，其中有一个小间隙，被称为突触，位于轴突末梢和另一个神经元的相邻树突之间。大脑中大约有860亿个神经元，每个神经元有7 000个连接，据估计，一个成年人的大脑大约有250万亿个突触。

神经元可以兴奋，这要归功于存在于细胞膜两侧的电压差，这是由钠离子和钾离子在神经元内外穿梭造成的。这一过程可以通过霍奇金-赫胥黎方程来描述，我们在第 6 章中曾遇到过它。当一个神经元被邻近细胞充分刺激时，阻挡钠离子的离子门突然打开，触发动作电位。这些带电粒子的大量涌入，使内部电压从−70 毫伏的静息电位跃升到+50 毫伏，跳跃了大约 120 毫伏（0.12 伏）。虽然电路中的电信号可以接近光速[①]的速度传播，但是神经元中的信号传播速度大约是每秒 120 米。这是因为电信号被转化为化学信号再转回电信号，这个转换过程使得速度变慢。尽管如此，信号仍然可以在几千分之一秒内传输，以便迅速传播到其他与之连接的神经元。

神经元可以接收数千个信号输入，这些信号可以是兴奋性的或抑制性的。兴奋性输入会增强或"增加"神经元的整体信号，而抑制性输入会减弱或"减少"信号，这个过程被称为突触整合。睡眠就是所有这些神经活动的相互作用，主要涉及大脑的两个区域：位于大脑底部的脑干和位于大脑深处、像花生那么大的下丘脑。这些部分有促醒神经元群和促睡眠神经元群，它们形成一个触发电路，控制睡眠和清醒。[11]虽然我们对所有这些神经回路工作的复杂性并没有完全理解，但简单来说，促醒神经元往往受到昼夜节律的控制，白天较活跃，而促睡眠神经元随人们清醒的时间变长而活动增加。所有这些相互作用的结果是，当一个系统抑制

---

① 真空中的光速为每秒 299 792 458 米。

另一个系统时，就会在清醒状态和睡眠状态之间切换。要理解你的大脑中发生的这场战斗的力量，你只需要看看深夜里精力充沛的新生儿就能明白了。

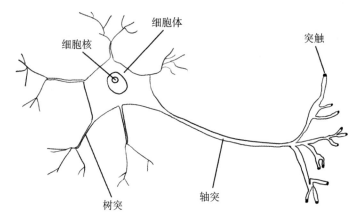

图 12-1　神经元的示意图

神经递质是神经元间通信的关键，这些分子通常被称为体内的化学信使。当动作电位沿着轴突传播时，会导致轴突末梢的电压门打开并释放神经递质。然后，这些神经递质绑定到相邻的树突上，触发相连神经元中的阳离子流动，这就是所谓的突触电位。通常，神经递质也具有兴奋性或抑制性。抑制性神经递质产生更大的负电压，使神经元更不可能释放动作电位；而兴奋性神经递质则使细胞复极化，使其更可能释放动作电位。一旦兴奋性神经递质的累积达到一定的阈值电位，神经元就会被激发。

兴奋性神经递质分子包括乙酰胆碱和谷氨酸，而抑制性的分子包括甘氨酸和GABA（γ–氨基丁酸）。简单来说，过度的兴奋可能会导致癫痫发作，而抑制可能会导致睡眠，甚至更极端的昏迷。在睡眠期间，促醒神经元被 GABA 和甘丙肽等抑制，因此它们无法达到激活动作电位的阈值电压。然而，即使被这些神经递质抑制，它们也仍然保持一定程度的活动，这种活动以神经元的"噪声"形式存在，即细胞电位的随机波动。在促醒神经元中，这源于神经元细胞膜随机开闭导致神经元电压发生微小波动。

　　虽然单个神经元的噪声远低于引发动作电位所需的兴奋性（至少要比这样高出 1 000 倍），但巴尔奇和他的同事想要研究许多相互连接的神经元可能产生的效应，以及它是否能引发电活动的激增。这种群体效应可以被解释为神经元的"沸腾海洋"。所有的神经元都在沸腾，但突然它们的效应像海洋中的爆发一样累加起来，导致一些神经元被触发。该团队创建了一个模型，显示一组神经元中不同噪声值的范围。[12]

　　他们使用物理学的统计技术模拟了这组神经元的噪声如何随时间变化，发现可能存在一些情况，集体电压超过了某个阈值，导致一些神经元发出它们的动作电位，从而在大脑皮质（人脑的最外层）触发了一次觉醒。这将同时激发脑干中的促睡眠神经元，它们起抑制效应，以保证这次觉醒是短暂的，因此不会导致真正清醒。

　　神经元噪声具有一些引人入胜的特性：一是它因人而异，二是它取决于温度。在温度的统计定义中，我们可能会认为随着温度的升高，热涨落也会增加。但是 2000 年的理论工作表明，在神经元模型中，随着温度的升高，电压波动或神经元噪声反而减少。[13] 以色列的研究人员对这组神经元进行了"低温"和"高温"下的电压模拟。在低温下，他们发现电压多次超过阈值电压，并在阈值电压以上维持了很长时间，这将导致动作电位的释放。然而，当他们在高温下进行模拟时，他们发现电压突破阈值的现象只偶尔出现，而且突破的时间很短，比低温下短得多。换句话说，促醒神经元在较低温度下受到的刺激要比在较高温度下的刺激多得多。

拥有一个不错的数学模型是件好事，但它需要一些真实世界的数据。研究人员通过调查斑马鱼幼体的睡眠行为获得了这些数据。这些鱼的睡眠周期随着光线和黑暗而变化，它们不能调节体温，就像新生儿一样。这意味着水温应该大致对应它们的体内温度。研究人员使用一台摄像机在 48 小时内跟踪幼鱼的移动，不动时它们就被描述为在睡眠。

该团队在不同的水温下研究了斑马鱼，发现随着温度从 25 摄氏度升高到 34 摄氏度，幼体的睡眠时间增加了一倍多。然而，每小时的觉醒次数从 25 摄氏度时的 33 次下降到 34 摄氏度时的 20 次。当研究人员在他们的模型中进行与这些实验特性相匹配的模拟时，他们发现了很好的一致性，这支持了神经元噪声是觉醒原因的想法。

巴尔奇认为，这种神经元噪声的模型可以被应用来更好地理解SIDS。SIDS的一个主要原因是新生儿难以调节自己的体温，这也是早产儿需要放在保温箱中的原因。研究还发现，SIDS的高发期通常在早晨，也就是人体核心温度上升的时候。[14] 人们可能会认为，在更热的夏季，SIDS 的风险更高。然而，SIDS 在冬季更常见。一般认为，这是因为父母在婴儿睡觉时给他们加了额外的毯子或衣服，导致体温过热和风险增加。产前课程中一直让我记忆犹新的一条忠告是：婴儿感到冷就会哭，但如果感到热，婴儿可能不会哭。

有更高 SIDS 风险的婴儿可能有较低的神经元噪声水平，这不仅意味着他们在温度升高时醒来的次数较少，也意味着他们更不容易醒来改变位置或移开覆盖在脸上的毯子。这个模型很简单，但并非所有人都会同意这个团队的结论，因为 SIDS 是一个极其复杂的问题，不太可能靠一个这样的想法解决。但是，如果这个模型是正确的，那么至少可以解释为什么降低房间或保温箱的温度可能有助于增加觉醒次数，从而有助于减少 SIDS 的威胁。巴尔奇说还需要做很多工作，他现在计划研究新生儿重症监护室的早产儿，以分析温度对觉醒的影响。

"我发表了这项研究后，收到了很多 SIDS 研究者的邮件，他们说这种病症其实与其他因素有关，"巴尔奇说，"我不会反驳他们，但我们提供了第一个将 SIDS 与温度联系起来并解释 SIDS 如何发生的模型。"

❇　❇　❇

我们对婴儿大脑知识的进一步了解面临着一个主要挑战，那就是跟踪婴儿大脑活动并试图理解这些活动含义的难度。当我们的第二个孩子埃利奥特出生时，我亲眼见证了新生儿的大脑活动是多么复杂和混乱。当我妻子怀我们的第一个孩子亨利时，作为一个有科学背景且过度热心的准父亲，我已经准备好笔和纸来记录宫缩的发生。我们被告知它们的持续时间和频率会增加，所以当它们大约每两分钟发生一次时，通常是时候打电话给医院了。这种方法在第一次生产时有效，我们在合适的时间到达了医院。然而，对于埃利奥特，我想该使用更高科技一些的方法，我下载了一个手机应用来跟踪宫缩。毕竟，我可以在生产后计算数据，看看它是否能预测宝宝出生的时间。[1]

可惜，埃里奥特并没有配合。宫缩在一个傍晚到来，但是经过几个小时的记录，很明显生产没有进展——宫缩之间的间隔逐渐减少，然后又变长。我有点儿困惑。几个小时过去了，没有任何进展，但是宫缩还在持续，我们决定去助产士主导的分娩中心。到了那里，分娩仍然没有进展；又过了 4 个小时，我们被送到了当地的医院。[2]经过了穿越城市的 30 分钟车程，电影中在汽车上分娩的场景浮现在我脑海中之后，医院的助产士确定了婴儿的位置。

助产士发现婴儿的体位不是脊柱对脊柱（母亲的脊柱和宝宝

---

[1] 作为一种粗略的估计，可以通过绘制宫缩持续时长与时间的关系图来实现。起初，数据会比较嘈杂，但随着时间的推移，数据会开始向一个点（出生时刻）靠拢。在这一点之前不可能进行测量，但粗略外推它可能是一个指标——也有可能不是！

[2] 在英国，一些助产士主导的分娩中心（不提供现场紧急护理）有 4 个小时的规定，即你只能待这么长时间，如果分娩没有进展，就会建议你转到医院，因为分娩并发症的潜在风险较高。

的脊柱对齐），而是"脊柱对侧面"，这为分娩进展缓慢提供了可能的解释。宫缩可能没有正确地迫使胎儿的头部下降到骨盆入口。无论原因是什么，最终事情开始进展（可能是由于胎儿位置的改变），我的妻子进入了第二产程。她适时地进入了分娩池，手里拿着笑气，以备在水提供的初始疼痛缓解作用消散后用于镇痛。

　　埃利奥特安全地出生后，他被放在我妻子的怀里。我们两个人深情地凝视着他，他全身都是血和黏液。然而，几分钟之后，我们注意到了一些奇怪的行为。他的眼睛偶尔会快速移动，他的手臂也会在抽搐般的发作中抬起。助产士观察他的情况后，觉得有必要去请医生。医生认为最好将我们的儿子送到新生儿重症监护室进行观察。我们给埃利奥特穿上纸尿裤，把他放在一张可移动的婴儿床上，我推着他进入了新生儿重症监护室，而我的妻子则在床上恢复生产的疲劳。

　　那是一个极度焦虑的时刻，我疲倦的大脑在思考可能发生的事情，以及它是否会改变生活，甚至可能威胁生命。我回家睡了一觉后，回来看到埃利奥特躺在保温箱里，我的妻子守在他旁边。

　　新生儿重症监护室里还有 5 个婴儿。他们都是早产儿，每个都有自己的保温箱。但只有埃利奥特的头上覆盖着许多贴片，每个贴片都连接到一堆彩色的电线上，这些电线又连接到一台脑电图仪。监视器上有大约 20 行连续的波形曲线，这是在通过埃利奥特的大脑中数百万个神经元的放电实时测量神经活动。医生并没有给出初步的诊断，但我怀疑她担心埃利奥特的动作可能是由于癫痫，这是世界上最常见的慢性神经系统疾病，大约每 100 人中就有 1 人患有这种疾病。

当大脑的正常功能被锁定在单一节奏中的神经元打断时，就会发生癫痫。在这种情况下，一组在特定位置的过度兴奋的神经元开始同步放电。这引发了其他神经元与它们同步，从而触发其他神经元，引发同步"雪崩"。脑电图仪有点儿像地震计，背景波纹的"噪声"是正常的大脑活动，而地震信号般的尖峰可能是癫痫发作的结果。

我和妻子坐在新生儿重症监护室旁边，观察那些曲线的上下起伏，有点儿被它们催眠了。幸运的是，经过几个小时的机器监测，医生确认埃利奥特没有癫痫发作，所以他们取下了传感器。他仍然需要在新生儿病房再待一天，但随着时间的推移，他的眼睛和手臂的抽搐逐渐消失了。我们一直不知道问题出在哪里。也许他是因为娩出过程而疲劳，就像我们所有人一样。

当埃里奥特接受脑电图检查时，我了解到大脑的输出是多么复杂。我确实无法在脑电图上辨认出任何特定的"信号"，线条急剧上升和下降，没有任何规律，就像在股票交易所追踪股票价格一样。这种类似噪声的行为也适用于成年人的脑电图，因此，为了挑选出任何信号，神经科学家必须先处理数据。为此，他们首先过滤数据以去除人为噪声（如乱真信号），然后执行"快速傅里叶变换"。这种数学技术将脑电信号转换为不同频率和幅度的成分波，使研究人员能够详细检查不同的成分。

对成年人来说，神经活动有点儿像观众的鼓掌。有时候鼓掌不同步，产生一阵嘈杂的噪声。但是有时候同步鼓掌，产生一波波掌声，就像足球场上的墨西哥人浪一样。大脑可以产生许多不同速率的"掌声波"，这些波可以在自己的频率带内组合在一起。大脑中最突出的节奏来自α波，我们还不知道它们是如何产生的。α波与放松状态有关，频率在8~12赫兹。与此同时，β波频率在12~30赫兹，是REM期间以及我们从事任务时产生的。与深度睡眠相关的δ波，频率在1~4赫兹。

　　从脑电图中提取出成分波后，就可以通过检查这些波的功率（振幅的平方）与频率，找出数据中的峰值，从而确定是哪个频率范围占主导。例如，如果脑电图频率信号的功率在1~4赫兹有一个峰值，那么被测者可能处于深度睡眠状态。

　　然而，对新生儿来说，情况有些不同。研究婴儿的脑电图会发现，无论他们是睡着还是清醒，一个问题是没有规律或节奏可言，只有短暂的突发周期性活动。新生儿在出生后的4周内，很多睡眠活动都是短暂的，如"δ刷"，它们的特点是缓慢的类δ波上叠加了快速的β波行为。[15] 当一个成年人在放松状态下醒来时，α波是主导。然而，在新生儿脑中，人们认为α波大约在3个月时以3~4赫兹的频率出现，一岁时增加到约6赫兹。然而，它们首次产生的时间仍然是一个未解决的问题。同样的问题也适用于随意运动相关的"μ波"，这些波是由运动皮质产生的。

　　这意味着新生儿的脑电图几乎没有隐藏着周期性，但并没有阻止科学家开始检查是否可能在这种噪声中发现任何信号，就像其他现象中可能有的那样，比如股市活动和心跳节奏。

❋ ❋ ❋

在 20 世纪 20 年代，物理学家 J. B. 约翰逊在美国新泽西州著名的贝尔电话实验室工作，这个实验室在物理史中浓墨重彩，贡献了 9 个诺贝尔物理学奖。约翰逊正在研究真空管，这种设备是在 20 世纪初发明的。它们是由玻璃制成的设备，内部是真空的，或者说没有气体，所以当在两端放置电极时，这些管子可以用来控制内部的电流流动。后来，真空管成为电子电路的关键组成部分，推动了无线电和电视技术的发展。然而，当约翰逊研究它们时，他发现这些管子中存在不可避免的噪声，这种噪声是由电子的随机热运动产生的。[16] 人们认为这种噪声源是"白噪声"，即经过傅里叶变换后不同频率的功率或强度是相同的。然而，在约翰逊的实验中，低频时的噪声并非白噪声。相反，信号的功率在低频时增强了。

德国物理学家华特·肖特基进一步研究了这种低频效应，发现低频时频谱的功率高，然后逐渐向高频衰减。[17] 后来，这种噪声被称为"粉红噪声"或"1/f 噪声"，其是"1/f"指的是波幅和频率之间的反比关系。可以看到 1/f 噪声的例子包括股票价格、心脏动力学、潮汐高度，甚至是巴赫的《勃兰登堡协奏曲第一号》。[18] 对脑电图信号中噪声（这也显示了 1/f 的动态）的兴趣，在一定程度上是一种知识上的好奇；更糟糕的是，为了专注于"更纯粹"的脑电波振荡，它被忽视。但是，一些研究人员，特别是 20 世纪八九十年代的加州大学伯克利分校的沃尔特·弗里曼，确信研究

1/f 噪声信号可以为了解大脑的内部运作（无论是成人的还是婴儿的）提供新的线索。

从那时起，神经科学家开发了工具来识别特定的 1/f 噪声模式，也就是所谓的非周期信号，并将它们应用于成人脑电图信号，以及最近获得的新生儿和婴儿脑电图信号。2021 年，美国加州大学圣迭戈分校的认知科学家娜塔莉·舍沃隆科夫和布拉德利·沃泰克研究了在婴儿出生后的前 7 个月中，对 22 名婴儿进行的脑电图测量历史。这些婴儿在试图抓取物体时被记录下来，当时的研究人员对运动发展的开始感兴趣。[19] 舍沃隆科夫和沃泰克发现，在功率谱中有一个 7 赫兹的峰值，虽然在一月龄时并未出现，但逐渐增长到 7 月龄时变得突出很多，显示了运动节律开始在生命的前 6 个月内逐渐出现，这与 α 波的出现类似。

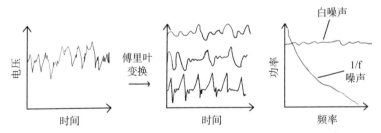

图 12-2 对脑电图信号中的非周期信号进行分析（左图），会将信号分解为成分波（中图），并分析各个波的频率与功率

当舍沃隆科夫和沃泰克将他们的工具应用到婴儿的脑电图功率谱上时，他们看到了短暂的周期性振荡，这些振荡的频率随着年龄的增长逐渐增加。但他们也发现在婴儿出生后的前 6 个月，脑电图上大脑活动的非周期性（与 1/f 斜率的陡度有关）发生了大的

变化。他们发现，随着年龄的增长，大脑中的非周期性活动减少，就像婴儿变老时非周期性活动的"平坦化"一样。[20]有趣的是，老年人的大脑相比年轻人的大脑，往往具有不同水平的非周期性活动，但其原因仍然是一个谜。[21]"这种非周期性活动的变化对婴儿来说意味着什么，目前还不清楚，"舍沃隆科夫说，"要弄清楚这些，你就需要将活动与行为联系起来，这是未来研究的任务。"舍沃隆科夫补充说，在准确定义婴儿脑电图振荡行为之前，恰当地了解婴儿大脑中非周期性活动量是非常重要的。

将活动与行为联系起来有困难，部分原因是可用于新生儿和婴儿的脑成像技术有限，这意味着关于这样年幼的儿童的脑功能成熟过程，我们知之甚少。这些技术往往具有良好的时间分辨率（如脑电图），或者有良好的空间分辨率（如功能性磁共振成像）。功能性磁共振成像技术在20世纪90年代开发出来，它能够测量脑活动时微小的血流变化。功能性磁共振成像被认为是空间分辨率最高的脑成像技术之一，在理解脑功能方面已被证明是无价之宝。然而，功能性磁共振成像成本高昂，需要使用大型设备，特别不适合年幼的儿童（尤其是新生儿），因为需要保持其完全静止，而这对任何新手父母来说都是不可能完成的。

跨学科团队正在开发的新技术，可能很快为我们提供关于婴儿大脑内部机制的更深入理解，这种机制在人生的前几十年里可能会经历重大的功能和结构变化。2017年，法国的研究人员创建了一种将脑电图和超快速超声成像（能够每秒拍摄一万个超声帧，而传统扫描仪只能拍摄50帧）结合的设备。该仪器的灵敏度使其能够绘制出大脑血管内血流的微妙变化，以及这些变化与神经活动的电子信号之间的关系。他们使用这种便携式、非侵入式设备，以比其他技术能达到的更高的分辨率监测新生儿大脑中的癫痫发作。他们还能利用这种设备区分两个婴儿的"安静"和"活跃"睡眠。[22]

除了监测神经元的电信号，检测大脑活动产生的微小磁场的技术也同样强大。这就是所谓的脑磁图（MEG），它涉及测量由神经电流在头皮上产生的小磁场，从而让我们能够直接、精确地在空间和时间上给大脑活动成像。脑磁图能够探测比脑电图更深层的神经活动。传统脑磁图系统的问题在于，它们使用的是一种低温冷却传感器阵列，装在一个通用的头盔中，这意味着这种系统很笨重，而且要求病人保持绝对静止。

2019 年，诺丁汉大学的物理学家与伦敦大学学院的神经科学家合作，基于一种被称为光泵磁强计（OPM）的超敏磁强计，构建了一种脑磁图设备。光泵磁强计的优点是，它可以比传统传感器更靠近头部放置，从而提高其灵敏度。研究人员创建了一种轻便的、可穿戴的脑磁图扫描仪，看起来像自行车头盔，适用于任何人，能在让病人自由移动的同时保证数据质量。[23] 这种方法的有用之处在于，儿童可以在成像过程中自然行动，而不是被放在一个巨大的、令人恐惧的扫描仪中。

除了能够研究儿童的神经发育，这套系统还可以用来研究儿童的神经和精神疾病，如癫痫和孤独症。该研究团队利用该设备测量了正在进行日常活动的儿童的大脑活动，包括一个两岁和一个五岁的孩子在看电视的同时，他们的手被母亲抚摸。这些技术在未来几年提供的可能性将是无穷的。这种方法的灵敏度和空间分辨率的提高，可能使科学家能够超出以前能力所限地监测儿童的大脑功能变化。这不仅涉及他们的睡眠，还涉及他们如何应对生活中的两块重要里程碑——行走和说话（我们将在之后两章中进行讨论）。

第13章

蹒跚学步：用神经科学探究人生第一步

当宇航员回家时，重新适应地球的重力可能会很困难。在太空停留的时间越长，适应的难度就越大。2015—2016年间，美国宇航员斯科特·凯利和俄罗斯宇航员米哈伊尔·科尔尼延科在国际空间站度过了340天，他们在微重力环境中进行各种活动。任务结束后，他们于2016年3月1日在哈萨克斯坦的大草原着陆，开始了重新适应地球重力的艰难过程。这包括重新学习简单的任务，如直线行走等。

在凯利一年的旅程结束后，他首次接受医学检查和体格检查的视频显示，他慢慢从躺下的位置站起来，然后试图向前走，走路时摇摇晃晃，就像他的腿是果冻做的一样。6个小时后，他再次接受测试时，步伐加快却仍然不稳。差不多一天后，他看起来走得更稳了，但仍然摇摇晃晃。对返回地球的宇航员来说，走路似乎是一项艰巨的任务，就像看着一岁的孩子迈出人生的第一步。

打个不恰当的比方，这种重新适应新环境（尽管是熟悉的环境）的体验对宇航员来说，有点儿像婴儿出生后感知到的变化。出生前，胎儿在羊水中度过了他们的"生活"，但一旦来到这个世界，他们很快就会感受到重力的全面影响。新生儿没有足够的力量靠自己移动，尤其是受制于他们的大脑袋——可能占到新生儿总体重的1/3。重力基本上将他们固定在地上。确实，如果新生儿出生后立刻试图站直，然后几个小时后自信地在产房走廊里走动，那肯定是一番奇特的景象。他们开始独立走路通常发生在出生约一年后，其间婴儿通常需要经历几个"里程碑事件"，如翻身、爬行和站立，以及依赖某种东西行走。

婴儿的第一次全身独立运动是身体翻滚，通常在4个月左右出现，往往从前向后翻。再过5个月，婴儿才能熟练地爬行，真正开始在地上移动。这样至少给了疲惫的父母为这种突发活动做准备的时间。我的长子亨利在我们刚刚适应了一个不会动的婴儿躺在游戏垫上盯着玩具看的时候，只有6个月大，他就开始"用肚皮爬行"了。他会平躺在地板上，然后用两只手臂推地面来移动——通常是向后。尽管这是一种艰难的运动，但他仍然能在几分钟内穿过一个房间。很快，他就开始向前爬行。几周后，他试图向上爬，特别是爬上楼梯。

有些婴儿在开始真正的爬行之前会进行肚皮爬行（类似士兵匍匐前进），在这种爬行中，身体完全离开地面。没有证据表明有向爬行过渡的明确阶段。婴儿使用各种技巧通过四肢移动。[1]有趣的是，先靠肚皮爬行的婴儿往往比那些完全跳过肚皮爬行阶段的婴儿稍早一些开始爬行和走路，而体形较小、较瘦的婴儿往往比他们胖乎乎的同伴更早会爬。当婴儿终于可以熟练爬行时，他们通常采用四肢侧向序列（例如：左后，左前；右后，右前），大概因为这是最稳定的爬行协调模式。虽然这个特定的动作序列是非灵长类四足动物也会做的，但它和非人灵长类动物的对角线序列（左后，右前；右后，左前）不同。尽管在人类与亲缘关系最近的动物之间存在这种差异，但 2015 年对 7 个10 月龄婴儿的研究发现，爬行期间的许多动作，如伸展的手臂，都与非人灵长类动物相似。[2]

　　最终，爬行会为行走让路（虽然有些婴儿可能完全跳过爬行阶段）。在婴儿迈出第一步之前，许多父母会握住他们的双手，让他们一步一步地走。研究表明，在婴儿能走路之前帮助他们进行"步行练习"，能让他们比没有接受这种训练的婴儿更快地独立行走。[3]（尽管我不明白为什么希望孩子在绝对必要之前就开始走路。）我们从来没有和亨利做过步行练习，但看起来他真的并不需要帮助。到 9 个月时，他已经开始迈出第一步了。当时，我没有在场看到，但幸好我的妻子拍下了这一切，后来我看得目瞪口呆。他四肢着地，处于高爬行位置，向后摇摆进入蹲姿。然后，他站起来，摇摇晃晃地走了 4 步，之后向前跌倒，双手撑住地板。这就像看到第一个灵长类动物学会直立行走的场景再现。①

---

① 最新的研究表明，这发生在大约 1 100 万年前。

新生儿在行动方面艰难努力，并不是动物界的常态。如果你曾经观看过野生动物纪录片或关于农场生活的节目，你可能已经见过动物分娩——无论是牛、野牛还是马。出生后 30 分钟，小牛或小马试图站立，而小马在 1 个小时后有可能就会奔跑。同样，小牛羚在出生几分钟后就能移动，只需几天就能跟着群体迁徙。这使一些人认为，人类在如何发展其行走能力上与四足哺乳动物有本质的不同，这被称为"运动分歧"。换句话说，人们认为人类的神经发育与力量不足，无法控制起身和行走所需的肌肉群。这引出了一个问题：如果人类婴儿在受孕后一年零 9 个月时出生，他们是否能在出生后立即站立，甚至可能行走？答案可能是肯定的，但这需要女性骨盆做出重大的改变，同时也需要有能力用双腿支撑着负荷这么重的胎儿那么长的时间。对人类婴儿来说，出生后立即行走根本不可能。

然而，令人惊讶的是，如果你在新生儿出生几天后做同样的步行练习，婴儿也会"踏步"。如果你扶住婴儿，支撑其大约 70% 的身体重量，把他们的脚轻轻放在坚硬的表面上，他们会试图通过交替地把一只脚放在另一只脚前面来行走，就像你一样。这被认为是另一种新生儿反射——踏步反射，给人的印象是新生儿出生后就已经准备好开始行走了。这种神秘的反射在大约两三周后会消失，但这并非故事的结束。虽然人们认为婴儿需要几个月才能熟练地移动，但最新研究显示，新生儿仍然可以做出惊人的事情。也许我们在出生后的几天内就拥有比想象中更多的能力，并因此更接近动物王国的其他成员。

❊　　❊　　❊

对大多数人来说，走路是不需要思考的，它就这样发生了。你可能会认为大脑在控制走路动作的过程中起着很大的作用，但实际上这是由中枢神经系统和脊髓中的运动神经元精心协调的。脊髓贯穿背部并位于椎管内，其直径大约相当于一根手指，长度与股骨相等。脊髓的中心区域被称为灰质，包含神经元的突触和细胞体，而周围的白质由上下传输电脉冲的轴突组成（这与大脑中存在的白质和灰质类似）。脊髓是分段的，每个部分都有向肌肉传出信号的运动神经元，以及传入信号的感觉神经元轴突——这些神经元被指尖等处的感觉输入激活。

在脊髓中，神经元聚集成功能相关的组，简化了按特定顺序激活肌肉群的过程——例如，上臂前部肱二头肌的弯曲或者前臂肱三头肌的伸展（运动神经元也连接器官和腺体）。脊髓中神经元的聪明之处在于，它们将感觉神经元连接到运动神经元，创建自己的神经回路，这被称为中枢模式发生器（CPG）。

CPG 的活动有点儿像指挥家指挥乐团，让他们在正确的时间演奏，创造出旋律优美的曲调（在这种情况下就是平稳走路）。这些电路也可以在没有感官输入的情况下自发地产生重复输出，这就解放了大脑，使其不必协调某些动作，如走路、咀嚼或呼吸，因此它不必不断地指定运动神经元需要如何行动。当然，大脑仍然需要启动这个动作，细节则留给了 CPG。这些神经回路的能力也许可以通过斩首一只鸡证明，你会看到它跑开，甚至在跑的时候扇动翅膀；或者举一个更平常的例子，散步或跑步时我们能轻松地集中精力听播客。你的大脑可以专注于你听到的内容，而不被移动的实际过程分散精力。然而，在走路或跑步时，大脑仍然需要"高级"输入，以便身体进行某些动作，如快速改变方向或躲避移动的障碍物。

2011 年，意大利和美国的研究人员研究了通过CPG，从出生到成年如何发展步行能力。他们招募了 46 个两三天大的新生儿作为研究对象，并使用肌电图来分析神经如何通过测量电活动来刺激腿部肌肉，而婴儿在踏步反射期间移动双腿。该团队使用数学方法来呈现电活动中的模式，发现婴儿使用大约 20 种不同的骨骼肌来移动。他们发现，当新生儿走一步时，脊髓神经元以两种特定的模式被激活，其中一种要求腿部弯曲和伸展，而另一种则使双腿交替步行。[4]

该团队随后研究了 10 个会走路的幼儿，此时他们看到了不同的情况。在这种情况下，有 4 种明显的模式。然而，其中两种仍然是新生儿原始步行模式。另外两种模式控制了更细微的步行方面，如脚触地的时间以及脚从地面推起的时间。这些方面使幼儿能够控制他们用来走路的肌肉力量和运动的速度。对于更有信心的幼儿步行者，这种四相模式变得更强，直到它形成一种在成人身上看到的"成熟"运动神经元激活模式，其中每个阶段都毫不费力地在运动的特定部分计时。

令人着迷的是，在新生儿身上看到的踏步反射并不是运动本身，但从神经学的角度来看，它是独立迈出第一步的基本要素。①
换句话说，新生儿步行的神经模式并没有在反射消失几周后被丢
弃，而是被保留下来，并在后来学习走路时加入新的神经回路进
行调整。

　　每个父母都知道，新生儿出生时会有另一种腿部动作——在
空中自发地踢腿。我们了解到，婴儿在子宫中就开始踢腿，出生
后仍会继续这样做，直到约 4 个月大。通常，最疯狂的踢腿发生
在你试图给婴儿换新尿布的时候，这让换尿布的任务变得几乎不
可能完成。长久以来，人们一直认为新生儿的步行和踢腿是由同
一神经机制产生的相同动作，但一些最新的研究成果正在挑战这
个假设，发现了踢腿和步行是由不同的神经过程产生的。⁵ 然而，
理解婴儿的这些踢腿如何产生非常困难，因为在没有进行手术的
情况下，我们无法详细了解单个神经细胞。

　　以前，测量腿部的电信号需要在皮肤上的各个点插入小针电
极。2020 年，来自意大利、德国和英国的科学家首次非侵入性地
绘制了婴儿的运动在单个运动神经元级别产生的过程。研究人员
开发了一种高密度卡肤电极（袖套电极），它覆盖了整个小腿。通
过使用反卷积的数学方法，他们解构了所有运动神经元发送的许
多信号，以便追踪 30 个单独运动神经元的行为。据罗马圣卢西亚
基金会的弗朗切斯卡·西洛斯–拉比尼介绍，这种技术就像在鸡尾
酒会上设置一堆麦克风，以捕捉到一群同时交谈的人中某个人的

---

① 许多四足哺乳动物（如大鼠、猫和猴子）以及两足鸟类（如珍珠鸡）也有这种
　四相模式，这表明不同脊椎动物的神经模式类似。

说话内容。通过应用这种数学技巧，科学家可以从许多同时发送的信号中提取出单个运动神经元的信号。

当该团队以这种方式监测运动神经元的活动时，他们发现，与成年人的快速腿部运动不同，婴儿的踢腿动作是由脊髓中的神经元同时发送信号产生的，研究人员称之为"极端同步"。[6] 这种现象已经在大鼠身上观察到，但科学家不确定它是否同样发生在人类身上。实际上，这项工作在一定程度上解释了为什么婴儿的踢腿动作可以快速有力，尽管他们的肌肉相对较弱。该团队补充说，所有这些证据都指向了中枢模式发生器在新生儿踢腿和步行中的重要性。生物物理学博士西洛斯-拉比尼说："这进一步证明了，与成人的情况不同，大脑皮质对新生儿腿部运动的控制较弱。"

现在，研究人员正在应用他们的发现，不仅改进监测所用的卡肤电极，而且测试它是否能够发现运动障碍的早期迹象。其中一种是脑瘫，通常在婴儿的动作与正常婴儿不一致时才被诊断出来，这有时只有等他们长到几个月甚至一岁时才能确定。极度早产的婴儿有 10% 的风险发展成脑瘫。研究人员计划研究早产儿产生的运动神经模式，看看是否可以找出任何生物标志物。如果能及早发现运动能力的异常，就可以尽早进行康复训练，可能降低这些病症的影响。西洛斯-拉比尼说："在生命的最初几年，大脑的可塑性极强。早日得到诊断，可能会对治疗产生巨大的影响。"

所有这些研究表明，通过踢腿和步行，直立行走的神经控制基础在出生时就已经存在，只是等到婴儿 9 个月或更长时间后迈出第一步时，这些基础才被调整和改善。但是对于四足行走，比如爬行，情况又如何呢？这是婴儿在地板上滚动几个月后学会的东西，它只是学习走路过程中的一块里程碑，还是我们与生俱来的能力呢？

❋　❋　❋

有史以来最具标志性的专辑封面之一属于涅槃乐队 1991 年的专辑《没关系》。封面展示的是，一个婴儿在水下看着一张挂在钩子上的一美元钞票，张着嘴，双手张开。传说中，这个想法是科特·柯本在看完一档关于水中分娩的电视节目后产生的。我的第二个儿子埃利奥特就是在水中出生的，但我从没想过要用一根钓鱼线绑一张一美元钞票引诱他出来。无论如何，有文献记载，当婴儿短暂地被放入水中时，他们会试图通过蹬腿和挥动手臂来"游泳"（尽管他们没有足够的力量真正地游泳）。有人对婴儿的行动方式很感兴趣，无论是在水中"游泳"还是试图爬到母亲胸前吃奶，这个人就是巴黎大学综合神经科学和认知中心的玛丽安娜·巴尔比-罗特。巴尔比-罗特在获得胚胎学博士学位之前研究过核物理，她在博士阶段研究的是胚胎中细胞的移动，尤其是在形成神经管期间的移动（神经管最终会发展成为脑和脊柱）。

在生物学领域工作了 10 年后，巴尔比-罗特认为基因研究不适合她，决定改变研究方向。她看到新生儿试图移动的视频后，对其能力产生了极大的兴趣，这也是她改变研究方向的部分原因。她发现这与她之前对细胞的研究有关，因此想进一步研究这种运动的特性。她说："毕竟，所有事物都需要运动。例如在一个细胞中，我发现运动必须在正确的时间，也就是适当的'时间窗口'内完成，我想知道这是否也适用于新生儿。他们是否需要在特定的时间间隔内做特定的动作才能进步？"

20 世纪 90 年代末，巴尔比-罗特转到美国加州大学伯克利分校，与发展心理学家约瑟夫·坎波斯合作，他是用"光流"（当连续朝一个方向移动时会发生的一种视觉流动现象）研究婴儿的先驱。（想象一下坐在飞行模拟器中，虽然你自己并没有移动，但屏幕给你一种你在移动的感觉。）眼睛如何解读光流，对成年人如何控制运动至关重要。在 20 世纪 90 年代，坎波斯和他的同事们发现，当婴儿学会爬行时，他们对光流的处理方式会有所不同。他们发现，使用周边视觉中的光流来控制像爬行这样的行动的能力并不是天生的。尚未学会爬行的婴儿对高处没有任何恐惧（最好不要去测试这一点）。然而，新生儿是否对光流有任何反应，还是一个未解的问题。

在伯克利，巴尔比-罗特遇到了有人体运动学背景的戴维·安德森（安德森现在在旧金山州立大学工作）。他们联手研究新生儿对光流的反应。他们早期的一些工作集中在婴儿的踏步方面，发现新生儿在光流的情况下比静态视觉时更倾向于踏步。[7]他们认为，鉴于运动与视觉有关，这表明在踏步时必定有更高级别或者说"脊髓以上"的控制。换句话说，踏步不是一种反射动作。

最近，这两位研究者开始研究爬行。21 世纪初，当巴尔比-罗特回到巴黎时，她的团队在实验室安装了一台桌面液晶显示器

（LCD），显示着白色背景下黑点的随机散布。团队招募了 26 名新
生儿，并在他们的关节上放置反光传感器，以记录他们的运动量
和质量。当婴儿被放在屏幕上时，他们会像在任何表面上一样移
动他们的手和脚。当研究人员让圆点以一个方向流动时，这让三
天大的新生儿产生了他们正在移动的错觉。婴儿的手脚会比在静
态显示器上移动得更多。[8] 当新生儿被抱在空中时，同样的效果也
会出现。他们会试图以一种爬行的方式移动，就像在空中游泳。

接下来，巴尔比–罗特和她的同事想要检查新生儿是否有能力
通过爬行移动自己。当然，这更难以测试，因为新生儿没有独立
移动的力量。经过一番思考，团队设计了一种类似于迷你滑板的
设备，他们可以将婴儿放在上面以完全支持（尤其是支撑沉重的
头），但仍然允许婴儿使用手和脚自由移动。团队测试了 62 个一
天大的婴儿，发现大多数婴儿能够使用这个被称为 "Crawliskate"①
的设备爬行，并能轻易地穿越整张桌子，仅用他们的手和脚推动
自己前进。当研究人员通过摄像机分析腿部运动时，他们发现这
些模式与成人和其他动物四肢着地移动时记录的模式相似。[9]

2020 年，巴尔比–罗特回答了一个最初引发她对新生儿产生
兴趣的问题：母乳的味道或气味对婴儿活动能力的影响。巴尔比–
罗特和她的同事让Crawliskate设备的头垫带有母亲乳汁的气味或
水的气味（后者起到对照作用）。[10] 通过分析肢体运动的次数和类
型，以及新生儿在表面上移动的距离，研究发现，当婴儿闻到母

---

① 该设备的专利于 2016 年授权。

亲乳汁的气味时，他们的爬行效率明显更高。尽管他们的单次运动变少，但他们能够移动更远的距离，这再次表明婴儿能对气味做出反应，而这需要更高级的大脑处理过程。研究还表明，母亲的气味可以用来帮助早产儿建立和增强神经连接，因为他们有患某些神经疾病的风险。现在，巴尔比-罗特和她的同事计划研究其他感官可能在运动中起什么作用。在Crawliskate设备的帮助下，他们正在研究母亲的声音对新生儿的影响，看看在增加运动方面它是否与乳汁气味有相同影响（他们认为结果会是这样的）。

安德森说，对新生儿的感知研究表明，不仅有多种信息来源在新生儿运动控制中起着基本的作用，而且这种控制必然已经定位在更高级的大脑中心。此外，巴尔比-罗特和安德森提出，直立行走不仅源于四足行走，而且我们认为的直立行走实际上就是四足行走，因为四肢都参与了像走路这样的活动。换句话说，在神经系统中，我们刚出生时是四足行走的动物，即使发展成直立行走的动物，也从未失去四足的组织。研究人员认为，爬行不应被看作学习走路过程的一个阶段，而是更直接地反映了人类在早期生活中及之后如何移动。这一观点肯定是有争议的，也并未得到广泛的认同，但根据安德森的说法，这一观点正在社会中受到越来越多的关注。

"新生儿在出生后试图抵抗重力时会面临一个巨大的物理难题，"巴尔比-罗特说，"但是在神经系统中，他们肯定有移动的能力。"事实上，如果有一天人类在微重力环境下出生（也许是在遥远的未来，当人类开始移民其他星球时），一个新生儿可能比在地

球上更有机会自由活动，只需确保有一些散发着乳香味的布片来
帮助他们在这个地方导航就行了。

�✾✾

虽然我们可能低估了爬行的重要性，但它只能让婴儿在一定
范围内移动，即使是在Crawliskate设备上也是如此。要真正实现
移动，最终的最佳选择是走路（或跑）。我们发现，当成年人走路
时，这是一种重复且精确的动作。如果你用右脚迈大步，你可能
会注意到，当你分开双腿走路时，身体的质心（位于肚脐下方）
会稍微向地面下降。当你向前移动左脚时，左脚从右脚旁边经过
的瞬间质心会升高，然后左脚向前迈时质心再次下降，如此循环
（见图 13-1）。

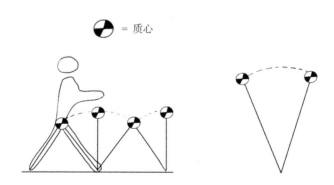

图 13-1　当我们行走时，我们的质心会经历倒立摆运动

这就是所谓的倒立摆机制，已经在许多物种中得到证实，如
鸟类、大象、螃蟹和蟑螂，尽管它们的体形和骨骼类型各不相同。[11]

它在自然界中被广泛应用的原因是，这种移动方式非常高效，其效率可以用机械能来解释——人移动时动能守恒，而质心上下移动时势能改变。回收能量的数量取决于走路的速度，对于最理想的步行速度（大约每小时 4.5 千米），成年人的能量回收效率可高达 65%。[12]

一些关于儿童行走时倒立摆力学机制的早期研究是在 20 世纪 80 年代初由意大利米兰的研究人员进行的。[13] 他们研究了 42 名年龄在 2~12 岁的儿童，让受试者以不同的速度在一个应变仪平台上行走，这种设备可以测量脚在移动时施加的力。研究发现，对两岁的孩子来说，能达到最大能量回收效率的最佳速度是每小时 2.8 千米；这个速度随着年龄的增长而逐渐增加，直到 12 岁时达到成人的水平。当一个孩子选择行走的速度时，能量回收效率大致匹配理想的最佳速度。研究人员表明，当一个孩子的行走速度超过这个最佳速度时，能量回收效率会减少，孩子越年幼，能量损失的程度就越大。这意味着身体必须做更多的工作来弥补能量回收效率的降低。所以，当你催促孩子快点儿从学校走回家以便赶上足球比赛的开始时，这对他们来说真的更累。

初学步婴儿的初始动作通常包括短而快的步伐，以及来回摇动身体以保持平衡。婴儿的脚趾外张，支撑站立宽度大，手臂处于"高位防守"位置。即使有成人的帮助，蹒跚学步的婴儿也仍然采用相同的行走模式，这表明这种姿势并非源于失衡。尽管婴儿迈出第一步时看起来就像刚被从酒吧里赶出来的人，但这样做在防止摔倒方面是有效的。2004 年，科学家将行走的力学分析技术应用于不受支撑的幼儿最初的步伐。[14]26 个年龄在 11 个月到 13 岁的孩子被拍摄，其中最小的 8 个孩子每天都被记录，以便研究人员能捕捉到他们迈出的第一步。

婴儿们被放在测力板上，身上佩戴了几个红外反射标记，这些标记通过摄像头进行追踪。研究人员发现，与以前的研究一样，成人行走可以达到约 65% 的最佳能量回收效率，但对学步的幼儿来说，这个比率要低得多，只有 35%。初学步的婴儿完全没有摆动的动作，他们牺牲了能量回收效率（估计低至 25%）来保持身体的直立稳定性。因此，或许如我们预期的那样，婴儿初次尝试行走的方式与 4 岁及以上的儿童或成人行走的方式几乎没有什么相似之处。这使得研究团队得出结论，摆动并非运动功能和环境的内在结果，而是通过行走经验学习到的，需要大约两个月的时间来形成。[15]事实上，这种摆动行为在新生小鸡生命的前两周也同样不存在。[16]

摆动的简单性掩盖了行走需要大量神经控制的事实，这是为了有效地控制质心这个虚拟点周围的轨迹。学习行走时，某些动作的高度变异性可能反映中枢神经系统在以某种方式确定共同的最佳解决方案之前，对广泛的解决方案进行探索。确实，研究还发现，对于得到支撑的婴儿，他们的行走行为没有任何差异。这表明，学步的幼儿在行走中的特异性表现并非源自未发育完全的平衡控制，更可能是内在的步态模板导致的。[17]

当然，婴儿并不是在跑步机上或在完美的实验室环境中学习行走的。他们是在家中学习行走的，地板上可能有东西，地面也可能不平整，还有可以抓握的东西。科学家已经观察了在实验室环境中，当婴儿的行走路线上出现障碍物时会发生什么。当走在斜坡上时（这是高中物理课上最爱演示的场景），成人会以大致恒定的速度上下行走。婴儿则缺乏这种控制，下坡时会加速，上坡时会减速。[18] 如果在他们行进的路上放置一个小物体，大约 50%的婴儿会直接站在物体上（希望不是乐高积木），大约 25%的婴儿会跨过物体，而剩下的婴儿要么停下，要么会跌跌撞撞地撞上物体。面对楼梯时，婴儿喜欢把脚放在台阶边缘而不是平面上，这在下楼时更为明显。（在相同条件下接受测试的成人从未踩在台阶边缘。）由此可以得出结论：物体和楼梯都代表了"触觉"探测（与触觉有关），在此过程中不需要向前移动身体。

然而，这些研究仍然停留在实验室阶段。于是，在 2019 年，捷克和英国的研究人员决定探究家庭环境是否能揭示婴儿学步的过程。[19] 他们在 YouTube 视频网站上搜寻父母上传的婴儿初次学步的视频。在找到 10 段 7~12 个月大的初学步者和 8~13 个月大的步行技能提高者的视频后，研究团队分析了他们的行动，比如婴儿如何走路，以及他们停下或摔倒的次数。研究人员发现，在家庭环境中，初学步者仍然比步行技能提高了的婴儿摔倒次数多，他们的脚触地的时间也更长，但他们停下来的次数并没有减少，这里的"停下来"被定义为超过 4 秒钟没有移动。

研究也发现，步行技能提高者通常会自发地开始行走，并且手里会拿着东西——这是实验室试验中没有展示的方面。此外，研究团队发现，像之前的研究中一样，随着步行信心的增强，婴儿改变姿势的次数会减少，因为他们正在微调步行模式。刚开始学步的时候，婴儿只是学习如何保持直立的姿势以抵抗重力，而在第二阶段，他们会微调步行模式。而且，每个家长都知道，婴儿在迈出第一步后，学步的速度会非常快。转眼间，走就变成了跑，这会给婴儿和家长带来一系列新的挑战。

无论是进入太空，还是前往另一个国家，抑或是婴儿在房间里移动，旅行都能开阔思维。最新的研究显示，新生儿的移动能力比我们以往认为的要强大得多。随着婴儿逐渐获得探索周围环境的能力，从四足行走向直立行走的转变，无疑是一场游戏规则的彻底改变。他们的世界突然间打开了，让他们可以用从未有过的方式去探索。不仅仅是移动方式在改变，迈出探索世界的第一步对父母和婴儿来说都是一块重要的里程碑，这标志着小家伙已经不再是婴儿了。事实上，一旦小家伙开始学走路，父母甚至会改变他们与孩子的交流方式。[20] 独立行走的开始不仅让婴儿能够去探索，而且会与语言能力的快速发展同步，而这是人类所拥有的最强大的认知能力。

第四个插曲

游乐场和玩具背后的物理学

有孩子的最好一面之一（是的，确实有一些好处）是回到你自己的童年，定期去当地的公园。鉴于孩子喜欢去公园，这是一项不需要花费太多口舌劝说的活动。但是，他们为什么这么喜欢去公园呢？所有值得一去的公园都有滑梯、秋千、旋转木马、攀爬架，甚至可能还有蹦床。这些设施让孩子有机会在一个相对安全的环境中体验各种力，无论是圆周运动、角动量、能量转换，还是简谐运动。

也许孩子们首先接触的设备是秋千，强壮到能抬起脖子的婴儿就能享受其中。秋千就像一个单摆，会以周期性的方式从一边摆到另一边，其摆幅由于空气阻力而逐渐减小。秋千将势能（摆到顶部时最大）转化为动能（底部时最大）。因此，秋千的速度在底部最大，在顶部为零。虽然速度在底部最大，但实际上加速度（速度的变化率）在秋千的顶部最大。[1] 这意味着，秋千让乘坐者反复感受到重（底部）和轻（顶部）的感觉，无穷无尽。

当孩子们稍大一些时，他们将学会自己荡秋千，最终让父母从推他们好几分钟（感觉像好几个小时）的工作中解脱出来。孩子们学会的是"泵动秋千"（也许是他们的父母教的），但是，最好的方法是什么呢？一个物理学家会用一种简单的方式来完成，只需要一个简单的动作，但在这种情况下，你需要站着而不是坐在秋千上。站在秋千上，让它稍微动一下，可以由别人推你或者你自己前后摇晃；然后蹲下，但当秋千到达摆架的底部时，快速站起来。经过几次蹲下和在底部站起来的动作，你会发现秋千的摆幅通过"泵动"在增大。[①]通过用这种方式快速站起来，你正在改变振子的质心，而且做出这个动作的时机正好是向心力最大的时候（在底部时），它产生了一个额外的推力，增加了振动的速度。

当然，这并不是你在公园里看到的孩子们做的事情——尽管孩子们确实喜欢站在秋千上。他们被教会的是另一种方法，这涉及摇晃秋千。向后摆到顶部时，孩子坐在秋千上向后仰，同时双脚向前推，几乎平行地面。然后，向下摆动时，孩子躺平（抵消空气阻力），将秋千推向一个更高的点，而向前摆至最高点时孩子坐起来，也许在这个时候稍微前倾。（要是我没有描述得很好，我猜你心中也知道一个人是如何荡秋千的。）

20世纪90年代，物理学家研究了这种更复杂的坐姿摆动动作的数学原理。[2]他们发现，这种动作可以在数学上描述为"受驱谐

---

① 这种振子被称为"参量振子"，是一种受驱谐振子。

振子"。当谐振子偏离平衡位置时，这种动作会产生强烈的恢复力使其回到平衡位置。"受驱"意味着振子是由外力（荡秋千者）驱动的。从荡秋千者的摇晃动作到秋千的振荡，角动量（一种转动形式的动量）的转移是秋千摆动幅度增加的原因。这可以用一个简单的实验演示：有一个轮子挂在一个固定点，然后有一根线能让轮子旋转（因此增加了角动量）。如果你在轮子摆动到顶部时稍微旋转它，那么无论是向后摆还是向前摆，摆动的振幅都会增加。2005 年的模拟结果显示，为了最好地推动秋千，需要在摆动的转折点尽快摇晃——你会看到大多数人在公园里这么做。[3] 你同样可以站在秋千上以摇摆的方式推动它（无须蹲下）。[4]

那么，哪种方法最好呢？幸运的是，物理学有答案。1998 年，美国的三位物理学家分析了两种不同的摆动技术：坐姿摇摆和站立蹲下。他们发现，坐姿摇摆在开始摆动时最好，但一旦秋千开始摆动，站立蹲下可以产生更大幅度的摆动。[5] 在公园里，你可能会看到一些大一点儿的孩子这么做，他们甚至还不知道微分方程的知识。

公园里的另一种常见设备是滑梯。当你滑滑梯时，这不仅仅是滑梯顶部的势能转化为你滑下时动能的事情。正如任何人都知道的那样，有时候滑下来可能需要很长的时间，不仅是因为空气阻力，更主要的是因为摩擦力——两个表面滑过彼此时的力。除了仰卧或俯卧着滑，你对空气阻力无能为力，这通常是孩子们在厌倦了坐着滑以后采取的行动。但如果你真的想找点儿乐子，就要解决摩擦力的问题，或者更准确地说是减少摩擦力。减少摩擦力的最好方法是在滑梯上放水，然后裸体下滑，这可以在花园里的小泳池中创造出数个小时的乐趣，希望不会发生意外或需要去急诊室。如果你在公园，这可能不太可行，除非你想被其他父母不满地瞪视。但是，还有另一种方法：涂蜡。让一些孩子在金属滑梯上用大字写下他们的名字，然后，经过稍微涂抹，它就可以迅速提高"性能"，或者说减少滑下所需的时间，速度可以提高大约 20%。如果你想测试一下，那么你可能需要使用一种淡色的蜡笔，或者穿上你不介意被毁掉的衣服。

✿　✿　✿

我的孩子们现在依然沉迷于旋转木马，甚至让我担心他们会在上面玩到晕倒。旋转木马的运作全部基于角动量的守恒，角动量是衡量物体旋转量的指标。旋转木马的关键在于它是一个重量较大的结构，其质量分布在和旋转中心有一定距离的地方。旋转木马的转动惯量（一种衡量物体抵抗旋转的指标）远大于乘客的转动惯量，所以当乘客向中心移动时，总的转动惯量变化很小。[6]这意味着当乘客向旋转木马的中心移动时，他们受到的向心力会发生变化。当乘客向中心移动时，半径减小，在角速度恒定的情况下，向心力也会减小；而当乘客靠近外边缘时，情况则恰恰相反。所以，第一次让婴儿体验旋转木马时，最好将他们放在离中心较近的地方，而不是在他们可能会更喜欢的外围，因为在外围他们可能会被甩出去。

对于年龄较大的孩子，公园里有另一种体验旋转的方式：旋转器。这是一根固定的杆，杆的底部有一个小的圆形平台供人站立。有时，旋转器在旋转时会倾斜。不同的是，通常这根杆很轻，质量分布得离中心较近，导致转动惯量较小。如果你站在旋转器上，将身体向外推，伸出手臂并向后倾斜（同时用手抓住杆），那么转动惯量会变大。但是，当你靠近旋转中心时，转动惯量就会大幅下降。这种动量守恒会导致角速度或旋转速度大幅增加。这就是花样滑冰运动员旋转时能达到惊人速度的原理。他们开始时手臂伸直（转动惯量大），然后迅速将手臂收回，以增加旋转速度。

你还可能会在公园里看到另一种游乐设备，但这种设备更有可能在很多人的后院里看到，那就是蹦床。这与我们在其他例子中看到的将势能转化为动能的原理是一样的。但这里有一个额外的关键因素：蹦床上的弹簧对人施加力，将他们推向天空。这种力来自虎克定律，也就是由 17 世纪中期的英国物理学家罗伯特·胡克提出的定律。向上的力等于弹簧的刚度与弹簧或蹦床材料在跳跃者作用下的位移量的乘积。因此，在蹦床上跳跃时，跳跃者的势能在下落时转化为动能，然后转化为弹簧的弹性势能——位移越大，推你向上的力就越大。

如果你想使你的跳跃高度最大化，那么所需的技巧是提高你的质心位置。这主要是通过将你的手臂伸直举过头来实现的，你会看到专业的体操运动员都这样做。弹簧的反作用力很强，它可以快速降低跳跃者接触蹦床后的速度，然后将他们推回空中。那么，这种力有多大呢？2015 年在公园的儿童蹦床和体操蹦床上进行的实验显示，一瞬间，儿童蹦床上的加速度（我们在第 7 章中提到过）可以高达重力加速度的 7 倍，相当于人在地球上通常受到的重力的 7 倍，而在体操蹦床上甚至可以达到 9 倍。[7]因此，如果你的孩子喜欢体验极限的力量——尽管只是一瞬间，蹦床就能产生这种力量。

这至少在一定程度上解释了为什么孩子会不断地缠着他们的父母，希望在后院放一个蹦床。

✻　✻　✻

和去公园一样，有了孩子后，你可以在父母的家/阁楼/棚子里翻找那些你已经二三十年没玩过的古老玩具，重温你的童年。虽然现在的孩子们都沉迷于平板电脑和其他屏幕产品，但在他们迷上《我的世界》游戏之前，你还有几年的时间可以向他们展示你所有的昔日爱物。

陀螺可能是最古老的玩具之一，自古埃及时代以来一直受到孩子的喜爱。这种可以在一个小点上平衡的、抵抗重力的玩具，其背后的物理原理是基于角动量的。一个物体的角动量只有在你施加扭矩（或者说扭转它）时才会改变。你可以把它类比成动量，但它只有在施加力（如推或拉）时才会改变。所以，当陀螺被旋转时，施加的大量扭矩会产生巨大的角动量。全速旋转时，陀螺可以轻松保持直立，有时可以持续几分钟，因为重力产生的扭矩不足以改变陀螺的运动。然而，由于有空气阻力，当陀螺速度减慢时，重力开始起作用，陀螺最终会摔落地面。有许多不同类型的陀螺；有些是磁性的，可以在空中悬浮旋转。还有一些是透明的半球形（像一个透明的茶杯），内部有小球。一旦开始旋转，内部的小球会沿着半球的边缘旋转。[8]

另一种经典的玩具是"彩虹圈"，这是由塑料或金属制成的螺旋弹簧。由于其惊人的"自行走楼梯"能力，"彩虹圈"已经被人们喜爱了半个多世纪。它是由美国机械工程师理查德·詹姆斯在1943年创造的，当时他正在设计一种能让船只在粗糙的海面上摇摆时保持设备稳定的装置。传说中，他摆弄螺旋状导线时看到它在地板上翻跟头，这让他感到非常惊奇。作为一个发明家，詹姆斯被这个现象吸引，他开始想这会不会是一个好的儿童玩具。在1945年尝试这个想法后，他和他的妻子贝蒂·詹姆斯创立了詹姆斯工业公司。两年后，他获得了美国专利2415012号，其中对这一玩具的描述是"流线型，动态优美"。自那时以来，这款玩具已经售出了数亿个，并发展出其他形式，如因《玩具总动员》电影而闻名的"弹簧狗"也是由詹姆斯获得专利的。

弹簧玩具"彩虹圈"是一个简单的玩具，尽管它的运动方式看起来简单，但其背后的物理学原理相当复杂。每个物体都有潜在的或储存的能量。当"彩虹圈"被放在楼梯顶部时，它当然会保持完全静止。但当你让它开始运动，把它的一端拉到下面的一级台阶上时，这种潜在能量就会转化为动能。当"彩虹圈"在下面的台阶上卷曲时，这种动能就像波一样通过弹簧的第一部分传播到另一端。就像你抽打鞭子一样，所有的能量都会传播到鞭子的末端。这种"脉冲能量"随后使"彩虹圈"弹到下一级台阶，这个过程一直持续到它走完所有的台阶或撞到墙上。

最后，许多家庭都有一个木制的火车玩具，其中的连接器是用磁铁连接在一起的。我记得看到埃利奥特试图让一节车厢连接到火车主体上，而这两个部分的磁铁极性是相反的。对一个孩子来说，这一切肯定让他们感到非常困惑，不明白为什么玩具在特定的方向上可以神奇地吸在一起，而在其他方向上却不能。像铁这样的元素是磁性的，因为所有铁原子的电子都在沿同一方向"旋转"，这放大了磁力的效果。这种力量可以在很远的距离就感觉到。（我曾经有一个乐趣，试图在感受到强烈的磁性吸引之前，看看我能把一个连接器与另一个连接器离得多近。）关于磁铁如何工作的解释有很多，但都很糟糕，所以我不打算再增加一种解释。我只是想说，虽然我拥有磁学博士学位，但我并不能告诉你太多关于磁铁如何工作的信息，因为我们仍无法完全了解它们。

也许有一天，你的孩子会找出答案。

第 14 章

咿呀学语：用理论物理学揭开语言学习的奥秘

当我的两个孩子还是新生儿时，我真的在"父母语"［parentese，也称"（模仿）儿语"］方面挣扎过。这种与婴儿交谈的方式主要是说一些以"y"结尾的词（如 bunny "兔兔"或 doggy "狗狗"）、发音像其含义的词（如 woof "汪汪"或 splash "哗啦哗啦"）或有重复音节的词（例如 choo-choo），并且全程都用高音调。我坚持的原则是，像和成年人交谈一样和我的两个小家伙交谈。这听起来可能极其无聊和沉闷，而且根据最新的研究，这可能是错误的做法。

人们认为，父母语比普通说话慢，音调变化多，更有动感，所以对婴儿来说就像一个"社交钩子"，邀请他们回应。2019 年，爱丁堡大学的语言学家发现，父母使用更多父母语的婴儿比那些没有接受过太多父母语的婴儿学习单词更快。[1] 研究人员记录了一个成年人对他们的孩子说话的语音样本，并分析了其中的"父母语"。然后，他们测试了 47 个婴儿在 15 个月和 21 个月大时的语言技能，发现使用更多以"y"结尾的词和重复音节对婴儿的语言技能有提升。然而，并非所有类型的父母语都能带来类似的提升：如果说出听起来像其含义的单词（比如woof"汪汪"），那么没有任何好处。

无论我是否使用父母语，当我的儿子们还是婴儿时，我与他们交谈（他们相差 2 年 5 个月）并看着他们的回应和动作，几乎能感觉到他们大脑中神经元的激发。在这个年龄，他们的大脑就像是在燃烧。当然，这不是字面上的意思，但所有的倾听和观察都是为了一个目的——像海绵一样吸收信息和语言。当我的大儿子亨利在他的弟弟附近时，我注意到埃利奥特笑得很开心。他被吸引住了，听着亨利说的每一句话，看着他哥哥的每一个动作，有时候会笑出声，尽管偶尔会被戳到眼睛、嘴巴或耳朵。

加拿大蒙特利尔麦吉尔大学的研究人员通过使用合成器模仿任何年龄段的人发出的元音，研究了这种奇特的同龄崇拜现象。[2] 该团队播放了一些音频片段，这些音频是由一个"成年人"和一个"婴儿"说出的元音，他们发现婴儿多花了 40% 的时间去听那些由"婴儿"发出的高音调声音。婴儿不仅花更长时间听"婴儿"的声音，而且会被这些声音逗得笑起来或发出笑声，就像埃利奥特和他的哥哥相处时一样。

新生儿在能够感知语言特征（如元音和音节）之前，就能识别出自己的语言，他们通过对所听到的声音进行调整来实现这一点。甚至有人提出，婴儿哭声的旋律是由他们的母语塑造的。[3] 2009 年，研究人员分析了 30 个法国和德国新生儿的哭声模式，发现法国组的哭声呈现上升的旋律轮廓，而德国组的哭声呈现下降的旋律轮廓。人们认为只有 4 个月大的婴儿就能认出自己的名字，2 个月后就能理解名词，这表明他们从很小的时候起就能将词和物体联系起来。[4] 6 个月大的婴儿也开始用像 "ba-ba" 和 "da-da" 这样的音节含糊不清地嘟囔。但是，这些元音和辅音的组合并没有任何含义，所以不需要跑去告诉你的伴侣他们说出了第一个 "dada"。他们可能只是在嘟囔，试验语言的声音，而不是试图引起你的注意，让你整天都欢喜。

用文字来描述婴儿学习语言的难度，以及他们在此过程中表现出来的惊人能力，其实是非常困难的。目前，我们还远远没有完全理解这种习得语言的速度，婴儿如何学习语言的要素也一直是被热议的话题，众说纷纭。婴儿在听别人说话时会接触到个别的词，但对他们来说，语言最初只是一串连续的噪声。词汇的起始和结束在哪里？婴儿必须在听的过程中解码这个系统，不仅要将词汇分解为各类"音位"——元音和辅音，还要分解句子以区分那些单独的词。

一些研究人员指出，婴儿通过一种类似于"统计学习"的消除过程，将声音按母语的辅音和元音音位来分类。[5] 例如，说英语的婴儿通常在一岁之前就能区分"r"和"l"，比如"rock"（岩石）和"lock"（锁）。但是，讲日语的人通过他们的母语"过滤器"听到这两个词时，经常会混淆这两个音，因为这两个字母的发音可以通过同一个日语辅音来实现。其他研究发现，婴儿会倾听语言的旋律，刻画出语言的单个单位，如元音或音节。[6] 鉴于语言有不同的节奏，这可能也是他们学习多种语言的方式，婴儿可以通过音乐属性来区分它们。

在婴儿开始逐渐掌握语言的过程中，到了快一岁时，神奇的事情发生了。他们的咿呀声变得更复杂，有各种变化和音节串联，如da-da-dee或ma-ma。人们认为，尽管婴儿还不能说话，但他们已经"知道"了10~50个单词，有些婴儿甚至可能理解词组。2021年，研究人员对36个约11个月大的婴儿进行了评估，在使用成人语音记录进行的一系列注意力测试中分析婴儿的语言学习行为。研究人员发现，仍在学习单词的婴儿同时也在学习"拍拍手"这样的词组。[7] 满一岁时，大约75%的婴儿会说出他们的第一个词。[8] 以亨利为例，我们每天都在热切地期待他说的第一个词。尽管我们鼓励他说"mama"和"dada"，但他实际上说的第一个词是"nana"（香蕉）。关于食物的词第一个出现并不奇怪，现在仍然如此。

来自世界各地的几十年数据收集显示，婴儿说的第一个词有相当强的一致性。最大的数据收集库是Wordbank，[9] 这是一个收集了数以万计的"沟通发展量表"的在线数据库，其中包含了父母可以勾选他们的孩子会说或理解的数百个名词、动词、形容词和代词的清单。例如，Wordbank数据收集库显示，美式英语中按顺序排列的10个最常见的"第一个词"，依次是妈妈、爸爸、球、再见、嗨、不、狗、宝宝、汪汪和香蕉；而在希伯来语中，它们是妈妈、美味、奶奶、呜呜、爷爷、爸爸、香蕉、这个、再见和车。[10] 很可能这些词中的某一个会是你的宝宝说的第一个词，毕竟，这些要么是宝宝直接看到的物体，要么是在他们面前经常说的词。

在婴儿说出第一个词之后，词汇增长得非常快，婴儿每天可以学习几十个词，所以到两岁时，"正常"的词汇范围可能在50~600个单词，中位数大约是300个单词。[11] 2005年，麻省理工学院媒体实验室的德布·罗伊开始了一个引人入胜的实验，他记录了他儿子从9个月到两岁的几乎所有清醒时刻。[①] 他在房子里安装了摄像头和麦克风，记录了他儿子听到的所有话语以及他儿子的发声，总共收集了800万个单词。[12] 项目开始时，他的儿子只会说"妈妈"。到实验结束时，他儿子的词汇量已经达到了大约700个单词；他的儿子也会组合词汇，平均句子长度是2.5个单词。虽然像"cat"（猫）这样的简单词汇最先出现，但许多与位置或活动有关的词汇比"the"或"and"等更抽象的词汇更早被掌握。

虽然单独的单词或组合词汇都很好，但语言技能的烟花直到大约18个月后才会被真正点燃。句法和语法开始发挥作用，婴儿开始组合单词，说出像"我坐着"、"宝宝走了"，以及他们特别喜欢说的"不睡觉"这样的话。这种基本的语法理解对婴儿来说是一个重要的时刻，他们在这个时候表现出了惊人的能力，能够根据语法规则正确地把单词放在恰当的位置。你不会听到一个婴儿说"坐我"或者"去我"，除非你生了一个看起来很绿、耳朵很大、有着用"原力"移动物体的出色能力的婴儿。

在一年的时间里（从两岁到三岁），婴儿的语言能力以令人难以置信的速度变得复杂，学步期的幼儿就能够构造出复杂的句子。

---

① 德布·罗伊就他的研究成果发表了TED演讲。

这种发展如此迅速，以至于语言学家很难有效地进行研究。我多么希望自己曾记下我的两个孩子在不同阶段能说什么，但幸运的是，研究人员已经记录了一些例子。这是一个名叫亚当的男孩在两岁三个月时能说的话[①]：

"大鼓"，"我有喇叭"，"一只兔子在走路"。

现在，比较一下 4 个月后这个孩子能说的话：

"纸片去哪儿了"，"影子也有这样的帽子"，"掉了一根橡皮筋"。

最后是三岁时他说的话：

"你把我打扮得像一头小象"，"我将在 14 分钟后进来"，"我要穿那个去参加婚礼"。

想想看，这个只能勉强直线行走的小人类能够进行这种程度的神经体操，这是一种引人注目的认知能力，使我们在动物界与众不同。事实上，孩子们在没有被正式教授语法规则的情况下学会了他们的母语。只有在学校学习基础知识时，你才会意识到有这样正式的语法规则，尽管你从两岁开始就已经有效地使用它们了。

婴儿掌握语言和语法的方法，再一次成为语言学家当前研究的一个热点话题。有些人争辩说，人类天生就了解语法的通用结构规则。这是因为有些人认为，婴儿不可能通过日常语言的经验、试验和错误来学习所有的语法规则，然后构建和理解如此一致、复杂、精巧的句子。

但这个想法也有其批评者，他们认为这相当于伪科学。毋庸

[①]　摘自《语言本能》：Pinker, S. *The Language Instinct.* Penguin Books (2015) 267–269。

置疑，婴儿有着学习语言的惊人能力。那么，一个孩子怎么可能在一岁时只能说一个单词，一年后就能构造出他们从未听过的语法正确的句子呢？

�֍　�֍　✖

语言使得人类文明得以存在。它是人类行为和文化的内在部分，以至于当今世界上大约有 7 000 种不同的语言。[13] 当我们说话、写作或交谈时，我们经常使用数量相对较少的单词，而大多数可能的单词根本没有被使用。就如 18 世纪的普鲁士哲学家威廉·冯·洪堡曾经指出的，语言能"用有限的手段做无限的事情"。在百万英语词级的布朗语料库①中，前 5 个词（the, of, and, to, a）占据了 20%的使用率。大约 45%的单词在文本或对话中只出现一次。这种"语言的稀疏性"最好由一个以乔治·金斯利·齐夫命名的规则来展示，齐夫是 1902 年出生于伊利诺伊州弗里波特的美国语言学家。

齐夫定律[14] 将一个对象的出现频率与其使用排名相关联。它适用于生活的许多方面，从城市的大小到宇宙中星系的大小。但它最初的应用是在语言研究中。齐夫定律指出，一个单词出现的频率与它在词频表里的排名成反比。换句话说，在像《圣经》或者本书这样的书面语料库中，使用频率次高的词出现的次数大约是最高的词的 1/2，使用频率第三高的词出现的次数大约是最高的

---

① 布朗语料库是一个美式英语文本样本数据库。

词的 1/3，以此类推。这个法则对于单词是适用的，但它也适用于包含两个词的词组。在这种情况下，效果更为明显，80% 的两词词组只出现一次，90% 的三词词组只出现一次。至于为什么许多语言都遵循齐夫定律，是否有更深层的含义，我们并不清楚。

20 世纪 90 年代，麻省理工学院的美国语言学家诺姆·乔姆斯基[①]提出，"递归"结构是人类语言的关键元素。[15]"递归"意味着反复地顺序使用特定元素或结构。这听起来很奇怪，但可以用这个简单的短语来解释：read the book（阅读这本书）。在这里，"the"和"book"合并生成（the, book），然后与"read"合并形成 [（read,（the, book）]——（the, book）存在于（the, book）和 [read,（the, book）] 中。[16] 这种合并的基本前提是，在所有人类语言中，词与词之间的关系，以及操控它们组合的语法规则形成了一种树状网络。

全面介绍语言理论超出了本书的范围，但几乎所有的人类语言都可以被描述为所谓的上下文无关文法。[②]尽管需要注意的是，上下文无关文法只涵盖句法（单词如何组成一个句子）而不包括语义（句子的含义）。据乔姆斯基说，句法是用科学方法研究语言的一个好的起点。上下文无关文法的定义由乔姆斯基提供，是一套生成树状结构的（递归）规则。上下文无关文法的三个主要方面是非终极符、终极符和产生式规则。

[①] 乔姆斯基也提出了"普遍语法"观点，他认为人类与生俱来就有一套特定的语法结构规则。

[②] 瑞士德语和班巴拉语除外。一些语言学家也认为，上下文无关文法过于简化，无法描述语言。

在语言中，非终极符是像名词短语或动词短语这样的东西（可以被分解成更小部分的句子成分），而终极符是在所有操作都已经进行后产生的，比如单词本身。最后，还有隐藏的产生式规则，确定应该在哪里放置终极符，以产生有意义的句子。如果在所有程序执行完毕后，都产生非终极符（或单词），就可以称之为上下文无关文法。

在上下文无关文法的语言中，一个句子可以被视为一棵树，其分支是婴儿学习语言时不会听到的非终极符对象，如动词短语等。与此同时，树的叶子是终极符或者实际听到的单词。例如，从树顶的句子"The baby vomited in the car"（婴儿在车里呕吐）开始，我们可以将其分成两部分："the baby"（婴儿）是一个名词短语，而"vomited in the car"（在车里呕吐）是一个动词短语。但这些部分并不是句子的最小分母——它们仍然可以被分解。"the baby"（婴儿）可以被分解成冠词"the"和名词"baby"，而动词短语可以通过更多步骤进行分解（见图 14-1）。

每次这样的细分代表了一个分支点，揭示出这棵"树"上最后的"叶子"，也就是词语。当有人听到一个句子时，这个人正在心理上为那个句子构建句法树，通过构建正确的"树"来理解句法。例如，"There is a baby in a cot that can talk"这个句子是模糊的。它对应两种不同的句法树（"有一个婴儿床里的婴儿会说话"，或是"有一个婴儿在会说话的婴儿床里"），但只有一种是正确的。你从理解语言中得到的灵光一闪的时刻（基于这个框架），就是构建正确句法树的时刻。

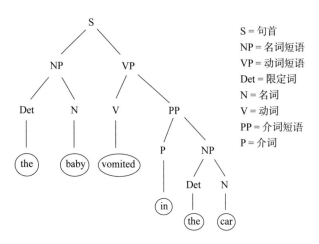

S = 句首
NP = 名词短语
VP = 动词短语
Det = 限定词
N = 名词
V = 动词
PP = 介词短语
P = 介词

图 14-1 分解句子"The baby vomited in the car"

20 世纪 80 年代的一个简单实验优雅地描述了语言如何具有层次性或者说树状结构，而不是以简单的逐词"线性"方式被理解的。实验者向孩子们展示了一个球的序列（红，绿，绿，红，红），并给出口头指示"指出第二个绿色的球"。按照线性方式理解这个指示，你会选择序列中的第二个球。它是第二个，也是绿色的。但是，孩子们并没有这样做；相反，他们选择了第三个球，它也是绿色的。[17] 这是因为他们首先将形容词"绿色的"与名词"球"结合起来，理解为有一组绿色的球，再与"第二"相结合，选择了这组绿球中的第二个成员。

上下文无关文法有许多，它们并不仅限于人类的语言。比如 Java 和 C++ 这样的计算机语言大部分是上下文无关文法的。一种观察所有语言的方式，通过一个"上下文无关文法镖靶"完成，靶上的每个点都是一种特定的语言。扔一支飞镖，所有不同的上下文无关文法的可能性都会坍缩为生成选定的那种语言（如英语）的一套特定规则。再扔一支飞镖，你就会到达其他地方，可能是日语、Java 语言或者俄语等。关于形式语言理论（包括上下文无关文法和语言的树状结构），令人兴奋之处就在于它可以使用数学和物理工具进行研究。

✳　✳　✳

像玻璃这样的非晶材料，不像晶体那样具有长程对称序。通常，研究纯晶体可以通过理解其重复的基本单元的物理性质，外推样品的大小。然而，非晶材料并没有这种完美的自我重复模式，因此，推断它们的行为通常涉及应用统计物理技术来分析许多较小的、可变的、相互作用的部分，以观察它们如何影响整个结构。理论物理学家埃里克·德朱利自 2013 年从英属哥伦比亚大学获得应用数学博士学位以来，一直在非晶固体领域工作。当他后来作为博士后研究员转至巴黎高等师范学院菲利普·梅耶尔理论物理研究所时，他开始发展一个理论来描述非晶固体的特定状态。

在巴黎期间，德朱利开始思考他可以将自己一直在研究的统计技术应用于哪些其他主题的研究。一个引起他兴趣的可能性是语言，尤其是考虑到科学家最近正努力让计算机理解人类语言，所以他开始阅读书籍，看看如何将统计物理技术应用于句法。"我有完全的自由去追求我想要的，"德朱利说，"所以，我开始思考我可以使用这些方法为语言理论做出什么贡献。"

　　当婴儿听人们用完整的句子（希望语法是正确的）说话时，他们只能接触到树状网络（单词和句子中的位置）的叶子或"表面"。但是，他们也必须从听到的混合单词中提取语言规则。德朱利创建了一个模型，其中"表面"包括所有可能的单词排列成的句子，包括原则上无意义的句子。[18] 每个进入树状结构的分支都附有一个"权重"，即该特定句子出现的概率。最初，对于一个婴儿，所有节点的权重都是相等的，所有可能的句子结果都具有同等可能性。在这种意义上，"语言"与随机词组无法区分，因此不携带有意义的信息。

　　婴儿在倾听时，开始识别并学习单个词（就像树的叶子），但还不能辨识叶子下的深层分支结构。婴儿听到语言时，会不断调整可能性分支的权重，以至于最终那些产生无意义句子的分支会获得较小的权重（因为它们从未被听到），相比之下，信息丰富的分支则被赋予较大的权重。通过不断进行这种倾听程序，婴儿会随着时间的推移"修剪树枝"，丢弃随机的单词排列，保留有意义的结构。这个修剪过程减少了树状网络"表面"附近的分支数量，也减少了更深处的分支数量。

　　从物理角度来看，这个想法的吸引人之处在于权重相等时语言是随机的，这可以类比到热力学中热量如何影响粒子。但一旦权重被添加到分支上，并调整以产生遵循特定语法的句子，"温度"就开始降低。当德朱利运行他的模型，对 25 000 种可能的不同语言（包括计算机语言）进行模拟时，他发现"温度降低"时有一种普遍的行为。在某个点，当语言从随机排列转变为富含信息的内容体系时，类似于热力学中熵（对无序的量度）的指标急剧下降。

　　想象一下，一个充满混乱词语的煮沸的锅被冷却，直到其中的单词和短语开始"结晶"成特定的结构或语法。这种突然的转变在统计物理学中被称为相变，一个日常生活中的相变例子是水冻结成冰块。当你降低水的温度时，水表面或内部的一部分开始冻结，但尚未整块结冰。然后，突然整个冰块冻结了。同样，在某一点，语言从随机的无序词语转变为一个结构严谨、信息丰富的通信系统，包含具有复杂结构和含义的句子。

　　现在，在加拿大瑞尔森大学工作的德朱利认为，这个模型（他强调这只是一个模型，而不是婴儿学习语言的最终结论）可能解释为什么在某个发展阶段，一个孩子能够非常快地学会构造语法正确的句子。当他们听到足够多的话，一切对他们来说都有意义时，这一点就会实现。这时，词汇不再只是标签，而是成为具有复杂结构和含义的句子的成分。所以，根据德朱利的模型，孩子天生就有能力采样任何上下文无关文法语言，当他们听父母或者附近任何人对他们说话时，他们就会专注于正在学习的语言的特定规则，就像我们向镖靶上投掷飞镖那样。在德朱利的模型中，对人类来说，与生俱来的唯一能力就是利用这种递归的树状结构——孩子学习语言时其他所有出现的东西都自然而然地衍生自这个结构。

　　在现实生活中，这种转变可能不会立即发生，而是随着时间的推移而进行。此外，这取决于获得所有正确的权重，这是孩子们在成长过程中不断调整的事情。德朱利说，这一理论与心理学家对幼儿语言习得的观察一致。2009年的研究似乎支持了德朱利的理论。研究人员使用国际儿童口语语料库（CHILDES）中的母语习得数据，分析了一个名叫彼得的孩子在约两岁时说的词。[19] 从彼得说的各种句子中，科学家构建了一张由他所用词汇构成的网络，并分析了网络的"枢纽"。[20] 他们发现，大约在两岁时，这些中心词汇是像"it"（它）这样可以表示多种含义的简单词。但是几个月后，中心词汇开始承载句法含义，比如"that""a""the""this"等。实际上，那个年龄段的语言变化如此明显，以至于它足以代表成人的句法网络。与德朱利在他的研究中发现的类似，这项研究表明，句法结构在两岁多一点儿的时候突然出现，而不是在很多个月中慢慢出现。

德朱利认为，随着孩子们继续学习和完善自己的语言，可能会有许多次这样的转变。德朱利的理论可能也适用于双语学习，也许有两组权重被应用到语法树上，尽管在这方面还需要进行更多的研究。德朱利还希望他的研究结果能应用于神经科学研究，有助于了解什么可能阻碍学习障碍儿童掌握丰富的语言。至少，它为儿童如何发展出语法的许多理论增加了新的想法。

对许多父母来说，能与孩子交流是重大的里程碑事件。当然，这并不能阻止孩子在超市中因为不能得到印着最喜欢的卡通角色的酸奶而大发脾气。但是，能够进行交谈使事情变得容易多了。语言的火花也代表了他们与作为父母的你开始分离，尽管这种分离非常轻微。现在，孩子可以和其他人交谈，告诉别人他们在想什么、想要什么、需要什么，从而形成新的关系。语言是儿童探索世界、结交朋友、发现新的兴趣，并最终实现自我认知的主要工具。

当我刚开始写这本书的时候，我想它会主要包含一些有趣的故事和逸事，关于物理学家、数学家和工程师如何试图研究婴儿相关物理学的各个方面。毕竟，只要你足够用心，通常就可以找到任何东西背后的物理学。我曾想，我的书中包含的很多研究会是历史性的，比如发现二三十年前的奇怪研究论文（之后就没有后续了，这可能是某人远离"严肃"研究的副业项目）。但是我做的研究越多，我就越发现这些研究领域远非如此，而且书中涵盖的许多话题（如果不是全部）都是当下活跃的研究领域——其中大部分都是在过去 10 年内完成的。

怀孕并不是一种罕见的情况，很大一部分女性一生中至少会怀孕一次。然而，长久以来，怀孕被看作需要忍受的事情，而不是需要研究的事情。这样的研究，特别是对怀孕和分娩过程的物理学理解，远远落后于生物物理学的其他领域。从物理学的角度看，受孕有点儿像一个黑箱。我们仍然不了解宫缩是如何开始或如何在整个子宫中传播的，也不了解胎盘如何控制各种溶质的扩散。我们对牛奶的了解远超过对人奶的了解，我们对婴儿猝死综合征等疾病也给不出物理学解释。从物理学的角度看，关于胎盘、子宫和宫颈的研究严重不足——它们落后于对其他器官（如心脏、肾脏、肝脏、肺和大脑）的研究数十年，其他这些器官通常有客观的功能测试，可以详细看到器官是如何工作的。本书中有一些话题及相关研究，完成它们的科学家对我们关于怀孕的特定领域知之甚少感到惊讶，甚至是震惊。

这引出了一个问题：为什么我们对胎盘或分娩过程的物理学理解如此落后？原因有几个，其中一个是从伦理角度研究孕妇和新生儿有困难。研究必须仔细设计，需要遵守各种伦理程序和指导方针——这是完全正确的。另一个令人不安的原因可能在于历史上男性在工程学、数学和物理学领域的主导地位，他们中的一些人未能看到进行此类研究的好处或重要性。你可能会问，我们今天有如此先进的关于心脏及其功能的知识，难道是因为心脏病是男性的主要死因吗？对于一个由男性主导的资金分配小组，他们很容易理解为什么要将研究资金分配到心脏病领域（这可能很快会影响到他们），而不是研究胎盘或子宫的基本知识。

2018年，英国《卫报》报道，英国主要的研究机构之一——工程和物理科学研究委员会——有90%的资金被授予由男性领导的项目。[1]科学界（特别是物理学界）的性别差异是众所周知的，大学本科阶段的女性只占大约20%，这个比例在职业阶梯上升的过程中进一步下降。事情可能正在开始慢慢改变，女性开始担任更多的高级职位，并进入资金分配小组，但在平等方面还有很长的路要走。

　　当然，认为物理学、数学或工程学可以解决与受孕和怀孕有关的所有问题有些简单粗暴，但它们确实可以带来受欢迎的不同视角。物理学的力量来自它的工具和理论技术。然而，要将这些应用到传统学科范围之外的领域，不能以孤立的方式进行。当科学家与该领域的专家（无论他们是生育专家、儿科医生、妇科医生、助产士、生理学家还是神经科学家）合作时，这种方式最有效。我们在本书中遇到的许多数学家、工程师和物理学家就是这样做的，有时他们必须在此过程中自己学习新的科学"语言"。

　　只有在为这种跨学科合作提供更多的资金和支持的情况下，我们才能对受孕、怀孕、分娩和婴儿发育过程有更清晰的认识。这些工作带来新的见解，也可能通向新的临床治疗方法和应用。

　　毕竟，这样的发展不仅对现在很重要，对未来的几代人也很重要。

致谢

　　如果没有这么多人的帮助，本书是不可能出版的，他们慷慨地抽出时间讲述自己的研究。特别值得一提的是戴夫（戴维）·史密斯，他组织并接待了我对英国伯明翰大学的访问，让我更多地了解了他在精子力学和胚胎学方面的工作；同样感谢赫米斯·布卢姆菲尔德–盖德哈，有一天他在布里斯托尔花了一个下午的时间来和我谈论游动的精子。遗憾的是，新冠疫情和随后的社交防控关闭了进一步访问的大门，但幸好视频会议工具出现了，我与许多专家的访谈都是通过这种方式进行的。

　　我一直发现科学家不仅对自己的工作充满热情，而且在时间上非常慷慨，我为本书采访的科学家也没有让我失望。新冠疫情让时间变得更加宝贵，我只能感谢他们在正常生活被颠覆的情况下还挤出时间来接受我的采访。以下排名不分先后：艾达·萨布林斯、杰克逊·柯克曼–布朗、让–莱昂·迈特尔、奥特格·坎帕斯、尼亚姆·诺兰、罗伯特·卡泰纳、伊戈尔·切尔尼亚夫斯基、艾丽斯·克拉克、彭妮·高兰、梅甘·莱夫特威克、尼古拉·加尼耶、珍妮弗·克鲁格、安德鲁·布兰克斯、迈赫迪·莱希、科里·霍伊、拉维·塞尔瓦加纳帕西、英戈·蒂策、汉斯彼得·赫策尔、戴维·埃拉德、唐娜·格迪斯、迈克尔·伍尔德里奇、罗尼·巴尔奇、娜塔莉·舍沃隆科夫、弗朗切斯卡·西洛斯–拉比尼、玛丽安娜·巴尔比–罗特、戴维·安德森、埃里克·德朱利。

我还要感谢本贝拉图书公司的格伦·叶菲,感谢他从一个想法的核心中看到潜力,希望这个想法能开花结果,成为一本有趣而令人愉快的书。感谢亚历克萨·史蒂文森和约迪·弗兰克对手稿进行了出色的修改,使手稿有了很大的进步;也感谢本贝拉图书公司的每一位员工,感谢他们将一个概念和纸上的文字变成了一本完整的书。感谢马丁·杜拉尼在我进入图书出版界时提供的建议,感谢迈克尔·艾伦和马里克·斯蒂芬斯在阅读了初稿章节后提出的意见、建议和修改意见。

最后,谈谈我的家庭。在我进入青春期时,我的父亲突然去世了,母亲支持我的兴趣爱好,并为我创造了一个尽情施展抱负的环境。我还要感谢克莱尔,特别是她对这个项目的支持,让我在需要抚养两个精力充沛的小男孩的情况下,仍有时间专注于本书的创作。谢谢亨利和埃利奥特,如果没有你们进入我们的生活,这本书就不会存在。我们很庆幸你们到来,你们将永远照亮最黑暗的日子。保持好奇心,它会带你们去往要去的地方。

注释

第 1 章

1. Sabelis, I. "To Make Love as a Testee." *Annals of Improbable Research* 7, no.1 (2001): 14–15.
2. Schultz, W.W., van Andel, P., Sabelis, I., et al. "Magnetic Resonance Imaging of Male and Female Genitals During Coitus and Female Sexual Arousal." *British Medical Journal* 319 (1999):1596–1600.

第 2 章

1. Retrieved from https://www.pepysdiary.com/diary/1665/01/21/.
2. van Zuylen, J. "The Microscopes of Antoni van Leeuwenhoek." *Journal of Microscopy* 121 (1981): 309–328.
3. Cocquyt, T., Zhou, Z., Plomp, J., et al. "Neutron Tomography of van Leeuwenhoek's Microscopes." *Science Advances* 7 (2021): eabf2402.
4. Gest, H. "The Discovery of Microorganisms by Robert Hooke and Antoni van Leeuwenhoek, Fellows of the Royal Society." *Notes and Records: The Royal Society Journal of the History of Science* 58, no.2 (2004): 187–201.
5. Cobb, M. "An Amazing 10 Years: The Discovery of Egg and Sperm in the 17th Century." *Reproduction in Domestic Animals* 47 (2012): 2–6.
6. Retrieved from https://www.nationalgeographic.com/science/article/100318-men -sperm-1500-stem-cells-second-male-birth-control.
7. Boskey, E.R., Cone, R.A., Whaley, K.J., et al. "Origins of Vaginal Acidity: High D/L Lactate Ratio Is Consistent with Bacteria Being the Primary Source." *Human Reproduction* 16 (2001): 1809–1813.
8. Retrieved from https://www.flagellarcapture.com/learn/background.

9. Fukuda, M., and Fukuda, K. "Uterine Endometrial Cavity and Movement and Cervical Mucus." *Human Reproduction* 9 (1994):1013–1016.

10. Reynolds, O. "An Experimental Investigation of the Circumstances Which Determine Whether the Motion of Water Shall Be Direct or Sinuous and of the Law of Resistance in Parallel Channels." *Philosophical Transactions of the Royal Society* 174 (1883): 935–982.

11. Klotsa, D. "As Above, So Below, and Also in Between: Mesoscale Active Matter in Fluids." *Soft Matter* 15 (2019): 8946–8950.

12. Bleaney, B. "Edward Mills Purcell. 30 August 1912–7 March 1997." *Biographical Memoirs of Fellows of the Royal Society* 45 (1999): 437–447.

13. Purcell, E.M. "Life at Low Reynolds Number." *American Journal of Physics* 45 (1977): 3–11.

14. Retrieved from http://web.mit.edu/hml/ncfmf/07LRNF.pdf.

15. Chwang, A.T., and Wu, T.Y. "A Note on the Helical Movement of Mirco-Organisms." *Proceedings of the Royal Society of London B* 178, no.1052 (1971): 327–346.

16. Taylor, G. "Analysis of the Swimming of Microscopic Organisms" *Proceedings of the Royal Society of London A* 209 (1951): 447–461; and Hancock, G.J. "The Self-Propulsion of Microscopic Organisms Through Liquids." *Proceedings of the Royal Society A* 217 (1953): 96–121.

17. Gray, J., and Hancock, G.J. "The Propulsion of Sea-Urchin Spermatozoa." *Journal of Experimental Biology* 32, no.4 (1955): 8032–8114.

18. Afzelius, B. "Electron Microscopy of the Sperm Tail; Results Obtained with a New Fixative." *Journal of Biophysical and Biochemical Cytology* 5 (1959): 269–278.

19. Gaffney, E.A., Gadêlha, H., Smith, D.J., et al. "Mammalian Sperm Motility: Observation and Theory." *Annual Review of Fluid Mechanics* 43 (2011): 501–528.

20. Lindemann, C.B., Macauley, L.J., and Lesich, K.A. "The Counterbend Phenomenon in Dynein-Disables Rat Sperm Flagella and What It Reveals About the Inter-doublet Elasticity." *Biophysical Journal* 89, no.2 (2005): 1165–1174.

21. Ishimoto, K., Gadêlha, H., Gaffney, E.A., et al. "Coarse-Graining the Fluid Flow Around a Human Sperm." *Physical Review Letters* 118 (2017): 124501–124505.

22. Gadêlha, H., and Gaffney, E.A. "Flagellar Ultrastructure Suppresses Buckling Instabilities and Enables Mammalian Sperm Navigation in High-Viscosity Media." *Journal of Royal Society Interface* 16 (2019): 20180668.

23. Corkidi, G., Hernández-Herrera, P., Montoya, F., et al. "Long-Term Segmentation-Free Assessment of Head-Flagellum Movement and Intracellular Calcium in Swimming Human Sperm." *Journal of Cell Science* 134, no.3 (2021): jcs250654.

24. Suarez, S.S., and Pacey, A.A. "Sperm Transport in the Female Reproductive Tract." *Human Reproduction Update* 12 (2005): 23–37.

25. Fitzpatrick, J.L., Willis, C., Devigili, A., et al. "Chemical Signal from Eggs Facilitate Cryptic Female Choice in Humans." *Proceedings of the Royal Society B* 287 (2020): 20200805.

26. Stünker, T., Goodwin, N., Brenker, C., et al. "The Catsper Channel Mediates Progesterone-Induced Ca2+ Influx in Human Sperm." *Nature* 471 (2011): 382–386; and Lishko, P. V., Botchkina, I.L., Kirichok, Y. "Progesterone Activates the Principal Ca2+ Channel of Human Sperm." *Nature* 471 (2011): 387–391.

27. Ded, L., Hwang, J.Y., Miki, K., et al. "3D In Situ Imaging of the Female Reproductive Tract Reveals Molecular Signatures of Fertilizing Spermatozoa in Mice." *eLife* 9 (2020): e62043.

28. Human Fertilisation and Embryology Authority, *Fertility Treatment 2017: Trends and Figures* (2019): https://www.hfea.gov.uk/media/2894/fertility-treatment-2017 -trends-and-figures-may-2019.pdf.

29. Human Fertilisation and Embryology Authority, *Fertility Treatment 2014–16: Trends and Figures* (2018).

30. Cohen, J., and McNaughton, D.C "Spermatozoa: The Probable Selection of a Small Population by the Genital Tract of the Female Rabbit." *Reproduction* 39, no.2 (1974): 297–310.

31. Gallagher, M.T., Smith, D.J., and Kirkman-Brown, J.C. "CASA: Tracking the Past and Plotting the Future." *Reproduction, Fertility and Development* 30 (2018): 867–874.

32. Gallagher, M.T., Cupples, G., Ooi, E.H., et al. "Rapid Sperm Capture: High-Throughput Flagellar Waveform Analysis." *Human Reproduction* 34, no.7 (2019):1173–1185.

33. Elad, D., Jaffa, A., and Grisaru, D. "Biomechanics of Early Life in the Female Reproductive System." *Physiology* 35 (2020): 134–143.

第 3 章

1. D'Arcy, W.T. *On Growth and Form.* Cambridge University Press (1917), Cambridge.

2. Jarron, M. "Cell and Tissue, Shell and Bone, Leaf and Flower—On Growth and Form in Context." *Mechanisms of Development* 145 (2017):22–25.

3. Turing, A. "The Chemical Basis of Morphogenesis." *Philosophical Transactions of the Royal Society of London B 237 (1952): 37–72.*

4. Murray, J. "How the Leopard Gets Its Spots." *Scientific American* 258, no.3 (1988): 80–87.

5. Sick, S., Reinker, S., Timmer, J., et al. "WNT and DKK Determine Hair Follicle Spacing Through a Reaction-Diffusion Mechanism." *Science* 314 (2006): 1447–1450.

6. Sheth, R., Marcon, L., Bastida, M.F., et al. "Hox Genes Regulate Digit Patterning by Controlling the Wavelength of a Turing-Type Mechanism." *Science* 338 (2012): 1476–1480.

7. Raspopovic, J., Marcon, L., Russo, L., et al. "Digit Patterning Is Controlled by a Bmp-Sox9-Wnt Turing Network Modulated by Morphogen Gradients." *Science* 345 (2014): 566–570.

8. Duncan, F.E., Que, E.L., Zhang, N., et al. "The Zinc Spark Is an Inorganic Signature of Human Egg Activation." *Scientific Reports* 6 (2016): 24737. doi:10.1038/srep24737.

9. Dumortier, J.G., Le Verge-Serandour, M., Tortorelli, A.F., et al. "Hydraulic Fracturing and Active Coarsening Position the Lumen of the Mouse Blastocyst." *Science* 365 (2019): 465–468.

10. Baillie, M. "An Account of a Remarkable Transposition of the Viscera." *Philosophical Transactions of the Royal Society of London* 78 (1788): 350–363.

11. Nonaka, S., Shiratori, H., Saijoh, Y., et al. "Determination of Left-Right Patterning of the Mouse Embryo by Artificial Nodal Flow." *Nature* 418 (2002): 96–99.

12. Cartwright, J.H.E., Piro, O., and Tuval, I. "Fluid-Dynamical Basis of the Embryonic Development of Left-Right Asymmetry in Vertebrates." *Proceedings of the National Academies of Sciences* 101 (2004): 7234–7239.

13. Nonaka, S., Yoshiba, S., Watanabe D., et al. "De Novo Formation of Left-Right Asymmetry by Posterior Tilt of Nodal Cilia." *PLOS Biology* 3, no.8 (2005): e268. doi:10.1371/journal.pbio.0030268.

14. Okada, Y., Takeda, S., Tanaka Y., et al. "Mechanism of Nodal Flow: A Conserved Symmetry Breaking Event in Left-Right Axis Determination." *Cell* 121 (2005): 633–644.

15. Smith, D.J., Montenegro-Johnson, T.D., and Lopes, S.S. "Symmetry-Breaking Cilia-Driven Flow in Embryogenesis." *Annual Review of Fluid Mechanics* 51 (2019): 105–128.

16. Mongera, A., Rowghanian, P., Gustafson, H.J., et al. "A Fluid-to-Solid Jamming Transition Underlies Vertebrate Body Axis Elongation" *Nature* 561 (2018):401–405.

第 4 章

1. Barrett, J.C., and Marshall, J. "The Risk of Conception on Different Days of the Menstrual Cycle." *Population Studies* 23 (1969): 455–461.

2. Schwartz, D., Macdonald, P.D.M., and Heuchel, V. "Fecundability, Coital Frequency and the Viability of Ova." *Population Studies* 34, no.2 (1980): 397–400.

3. Wilcox, A.J., Dunson, D.B., and Baird, D.D. "The Timing of the 'Fertile Window' in the Menstrual Cycle: Day Specific Estimates from a Prospective Study." *British Medical Journal* 321 (2000): 1259–1262.

4. Wilcox, A.J., Baird, D.D., Dunson, D.B., et al. "On the Frequency of Intercourse Around Ovulation: Evidence for Biological Influences." *Human Reproduction* 19, no.7 (2004): 1539–1543.

5. Scarpa, B., Dunson, D.B., and Giacchi, E. "Bayesian Selection of Optimal Rules for Timing Intercourse to Conceive by Using Calendar and Mucus." *Fertility and Sterility* 88, no.4 (2007): 915–924.

6. Dunson, D.B., Baird, D.D., and Columbo, B. "Increased Infertility with Age in Men and Women." *Age and Infertility* 103, no.1 (2004): 51–56.

7. Retrieved from https://www.naturalcycles.com/.

8. Bull, J.R., Rowland, S.P., Berglund Scherwitzl, E., et al. "Real-World Menstrual Cycle Characteristics of More Than 600 000 Menstrual Cycles." *NPG Digital Medicine* 83 (2019). doi.org/10.1038/s41746-019-0152-7.
9. Ghalioungui, P., Khalil, S.H., and Ammar, A.R. "On an Ancient Egyptian Method of Diagnosing Foetal Sex." *Medical History* 7, no.3 (1963): 241–246.
10. Herbert, E., and Simpson, M. "Aschheim-Zondek Test for Pregnancy—Its Present Status." *California and Western Medicine* 32 (1930):145–148.
11. Howe, M. "Dr. Maurice Friedman, 87, Dies: Created Rabbit Pregnancy Test." *New York Times*, March 10, 1991.
12. Well, G.R. "Lancelot Thomas Hogben, 9 December 1985–22 August 1975." *Biographical Memoirs of Fellows of the Royal Society* 24 (1978): 183–221.
13. Science Museum. Retrieved from http://broughttolife.sciencemuseum.org.uk /broughttolife/techniques/frogs.
14. Vredenburg, V.T., Felt, S.A., Morgan, E.C., et al. "Prevalence of *Batrachochytrium dendrobatidis* in *Xenopus* Collected in Africa (1871–2000) and in California (2001–2010)." *PLOS One* 8, no.5 (2013): e63791. doi.10.1371/journal.pone.0063791.
15. Wide, L. "Inventions Leading to the Development of the Diagnostic Test Kit Industry—From the Modern Pregnancy Test to the Sandwich Assay." *Upsala Journal of Medical Sciences* 110, no.3 (2005): 193–216.
16. Swaminathan, N., and Bahl, Om.P. "Dissociation and Recombination of the Subunits of Human Chorionic Gonadotropin." *Biochemical and Biophysical Research Communications* 40, no.2 (1970): 422–427.
17. Cowsill, B.J. "The Physics of Pregnancy Tests: A Biophysical Study of Interfacial Protein Adsorption." PhD thesis. UK: University of Manchester, 2012.

第一个插曲

1. Donald, I., MacVicar, J., and Brown, T.G. "Investigation of Abdominal Masses by Pulsed Ultrasound." *Lancet* 1 (1958): 1188–1195.
2. Campbell, S. "A Short History of Sonography in Obstetrics and Gynaecology." *Facts, Views and Vision in ObGyn* 5 (2013): 213–229.
3. Jouppila, P. "Ultrasound in the Diagnosis of Early Pregnancy and Its Complications: A Comparative Study of the A-, B- and Doppler Methods." *Acta Obstetricia et Gynecologica Scandinavica* 50, no S15 (1971): 1–56.
4. Retrieved from https://mathshistory.st-andrews.ac.uk/Biographies/Doppler/.
5. Buys Ballot, C. H. Dus. "Akustische Versuche auf der Niederländische Eisenbahn, nebst gelegentliche Bemerkungen zur Theorie des Herrn Prof. Doppler." *Annalen der Physik und Chemie* 66 (1845): 321–351.
6. Mauli, D. "Doppler Sonography: A Brief History." *Doppler Ultrasound in Obstetrics and Gynaecology*, Springer (2005) Berlin.
7. Johnson, W.L., Stegall, H.F., Lein, J., et al. "Detection of Fetal Life in Early Pregnancy with an Ultrasonic Doppler Flowmeter." *Obstetrics and Gynecology* 26, no.3 (1965): 305–306.

8. Fitzgerald, D.E., and Drumm, J.E. "Non-invasive Measurement of Human Fetal Circulation Using Ultrasound: a New Method." *British Medical Journal* 2 (1977): 1450–1451.
9. Retrieved from https://www.fda.gov/consumers/consumer-updates/avoid-fetal-keepsake-images-heartbeat-monitors.
10. Retrieved from https://www.isuog.org/clinical-resources/isuog-guidelines/practice-guidelines-english.html.

第 5 章

1. De Vries, J.I.P., and Fong, B.F. "Normal Fetal Motility: An Overview." *Ultrasound Obstetrics & Gynecology* 27, no.6 (2006): 701–711.
2. Whitehead, K., Meek, J., and Fabrizi, L. "Developmental Trajectory of Movement-Related Cortical Oscillations During Active Sleep in a Cross-sectional Cohort of Pre-term and Full-term Human Infants." *Scientific Reports* 8 (2018): 17516.
3. Dutton, P.J., Warrander, L.K., Roberts, S.A., et al. "Predicators of Poor Perinatal Outcome Following Maternal Perception of Reduced Fetal Movements—a Prospective Cohort Study." *PLoS One* 7 (2012): e39784.
4. Hertogs, K., Roberts, A.B., Cooper, D., et al. "Maternal Perception of Fetal Motor Activity." *British Medical Journal* 2 (1979): 1183–1185.
5. Verbruggen, S.W., Kainz, B., Shelmerdine, S.C., et al. "Stresses and Strains on the Human Fetal Skeleton During Development." *Journal of the Royal Society: Interface* 15 (2018): 20170593. doi:10.1098/rsif.2017.0593.
6. Lai, J., Woodward, R., Alexandrov, Y., et al. "Performance of a Wearable Acoustic System for Fetal Movement Discrimination." *PLoS One* 13, no.5 (2018): e0195728. doi: 10.1371/journal.pone.0195728.
7. Thurber, C., Dugas, L.R., Ocobock, C., et al. "Extreme Events Reveal an Alimentary Limit on Sustained Maximal Human Energy Expenditure." *Science Advances* 5 (2019): eaaw0341. doi: 10.1126/sciadv.aaw0341.
8. Institute of Medicine and National Research Council. *Weight Gain During Pregnancy: Reexamining the Guidelines.* The National Academies Press (2009) Washington, DC: https://doi.org/10.17226/12584.
9. Kuo, C., Jamieson, D.J., McPheeter M.L., et al. "Injury Hospitalizations of Pregnant Women in the United States, 2002." *American Journal of Obstetrics and Gynecology* 196, no.2 (2007): 161.e1-161.e6.
10. Whitcome, K.K., Shapiro, L.J., and Lieberman, D.E. "Fetal Load and the Evolution of Lumbar Lordis in Bipedal Hominins." *Nature* 450 (2007): 1075–1078.
11. Branco, M., Santos-Rocha, R., and Filomena, V. "Biomechanics of Gait During Pregnancy." *Scientific World Journal* 2014 (2014): 527940.
12. Catena, R.D., Connolly, C.P., McGeorge, K.M., et al. "A Comparison of Methods to Determine Center of Mass During Pregnancy." *Journal of Biomechanics* 71 (2018): 217–224.
13. Dunning, K., LeMasters, G., and Bhattacharya, A. "A Major Public Health Issue: The High Incidence of Falls During Pregnancy." *Journal of Maternal and Child Health* 14 (2010): 720–725.

14. Catena, R.D., Campbell, N., Werner, A.L., et al. "Anthropometric Changes During Pregnancy Provide Little Explanation of Dynamic Balance Changes." *Journal of Applied Biomechanics* 35 (2019):232–239.
15. Catena, R.D., and Wolcott, W.C. "Self-selection of Gestational Lumbopelvic Posture and Bipedal Evolution." *Gait & Posture* 89 (2021): 7–13.

第 6 章

1. Gunn, G.C., Mishell Jr., D.R., and Morton, D.G. "Premature Rupture of the Fetal Membranes—A Review." *American Journal of Obstetrics and Gynecology* 106, no.3 (1970): 469–483.
2. Young, R.C. "Myocytes, Myometrium and Uterine Contractions." *Annals of the New York Academy of Sciences* 1101 (2007): 72–84.
3. Kavanagh, J., Kelly, A.J., and Thomas, J. "Breast Stimulation for Cervical Ripening and Induction of Labour." *Cochrane Database of Systematic Reviews* 3 (2005): article number CD003392. doi: 10.1002/14651858.CD003392.pub2.
4. Retrieved from https://www.cdc.gov/reproductivehealth/features/premature-birth/index.html.
5. Retrieved from https://www.who.int/news-room/fact-sheets/detail/preterm-birth.
6. Tong, S., Kaur, A., Walker, S.P., et al. "Miscarriage Risk for Asymptomatic Women After a Normal First-Trimester Prenatal Visit." *Obstetrics and Gynecology* 111, no.3 (2008):710–714.
7. Keith, A., and Flack, M. "The Form and Nature of the Muscular Connections Between the Primary Divisions of the Vertebrate Heart." *Journal of Anatomy and Physiology* 41 (1907); 172–189.
8. Popescu, L.M., Ciontea, S.M., and Cretolu, D. "Interstitial Cajal-like Cells in the Human Uterus and Fallopian Tube." *Annals of the New York Academy of Science* 1101 (2005): 139–165.
9. Schwiening, C.J. "A Brief Historical Perspective: Hodgkin and Huxley." *Journal of Physiology* 590 (2012): 2571–2575.
10. Hodgkin, A.L., and Huxley, A.F. "A Quantitative Description of Membrane Current and Its Application to Conduction and Excitation in Nerve." *Journal of Physiology* 117 (1952): 500–544.
11. Fitzhugh, R. "Impulses and Physiological States in Theoretical Models of Nerve Membrane." *Biophysical Journal* 1, no.6 (1961): 445–466.
12. Keener, J., and Sneyd, J. "Mathematical Physiology," Second Edition. Springer (2009), New York.
13. Parkington, H.C., Tonta, M.A., Brennecke, S.P., et al. "Contractile Activity, Membrane Potential, and Cytoplasmic Calcium in Human Uterine Smooth Muscle in the Third Trimester of Pregnancy and During Labor." *American Journal of Obstetrics and Gynecology* 181, no. 6 (1999): 1445–1451.
14. Miyoshi, H., Boyle, M.B., MacKay, L.B., et al. "Voltage-Clamp Studies of Gap Junctions Between Uterine Muscle Cells During Term and Preterm Labor." *Biophysical Journal* 71 (1996): 1324–1334.

15. Singh, R., Xu, J., Garnier, N., et al. "Self-Organized Transition to Coherent Activity in Disordered Media." *Physical Review Letters* 108, no.6 (2012): 068102.

16. Xu, J., Menon, S.N., Singh, R., et al. "The Role of Cellular Coupling in the Spontaneous Generation of Electrical Activity in Uterine Tissue." *PLoS ONE* 10, no 3 (2015) e0118443.

17. Lammers, W.J.E.P., Mirghani, H., Stephen, B., et al. "Patterns of Electrical Propagation in the Intact Pregnant Guinea Pig Uterus." *American Journal of Physiology—Regulatory, Integrative and Comparative Physiology* 294, no.3 (2008): R919–R928.

18. Ghosh, R., Seenivasan, P., Menon, S.N., et al. "Frequency Gradient in Heterogeneous Oscillatory Media Can Spatially Localize Self-Organized Wave Sources That Coordinate System-Wide Activity." arXiv:1912.07271.

19. Sparey, C., Robson, S.C., Bailey, J., et al. "The Differential Expression of Myometrial Connexin-43 Cyclooxygenase-1 and -2, and Gsα Proteins in the Upper and Lower Segments of the Human Uterus During Pregnancy and Labor." *Journal of Clinical Endocrinology & Metabolism* 84, no. 5 (1999): 1705–1710.

20. Lutton, E.J., Lammers, W.J.E.P., James, S., et al. "Identification of Uterine Pacemaker Regions at the Myometrial-Placental Interface in Rats." *Journal of Physiology* 14 (2018): 2841–2852.

第 7 章

1. Retrieved from https://patents.google.com/patent/US3216423A/en.

2. Retrieved from https://dublin.sciencegallery.com/fail-better-exhibits/apparatus-for-facilitating-the-birth-of-a-child-by-centrifugal-force.

3. World Health Organization. "Maternal Mortality: Levels and Trends 2000 to 2017." ISBN: 978-92-4-151648-8 (2019).

4. Boerma, T., Ronsmans, C., Meless, D.Y., et al. "Global Epidemiology of Use of and Disparities in Caesarean Sections." *Lancet* 392, no.10155 (2018): 1341–1348.

5. World Health Organization. Global Health Organization Data Repository: https://apps.who.int/gho/data/node.main.BIRTHSBYCAESAREAN?lang=en.

6. Hoxha I., Syrogiannouli, L., Braha M., et al. "Caesarean Sections and Private Insurance: Systematic Review and Meta-analysis." *BMJ Open* 7 (2017): e016600.

7. Retrieved from https://www.theatlantic.com/ideas/archive/2019/10/c-section-rate-high/600172/.

8. Dominguez-Bello, M.G., Costello, E.K., and Contreras, M. "Delivery Mode Shapes the Acquisition and Structure of the Initial Microbiota Across Multiple Body Habitats in Newborns." *Proceedings of the National Academy of Sciences* 107 (2010): 11971–11975.

9. Stokholm, J., Thorsen, J., Rasmussen, M.A., et al. "Delivery Mode and Gut Microbial Changes Correlate with an Increased Risk of Childhood Asthma." *Science Translational Medicine* 12 (2020): eaax9929.

10. Dominguez-Bello, M.G., De Jesus-Laboy, K.M., Shen N., et al. "Partial Restoration of the Microbiota of Cesarean-Born Infants via Vaginal Microbial Transfer." *Nature Medicine* 22 (2016): 250–253.

11. Korpela, K., Helve, O., Kolho, K-L., et al. "Maternal Fecal Microbiota Transplantation in Cesarean-Born Infants Rapidly Restores Normal Gut Microbial Development: A Proof-of-Concept Study." *Cell* 183 (2020): 1–11.

12. Retrieved from https://www.ouh.nhs.uk/patient-guide/leaflets/files/12101Ptear.pdf.

13. Rortveir, G., Daltveit, A.K., Hannestad, Y.S., et al. "Urinary Incontinence After Vaginal Delivery or Caesarean Section." *New England Journal of Medicine* 348 (2003): 990–997.

14. Eason, E., Labrecque, M., Marcoux, S., et al. "Anal Incontinence After Childbirth." *Canadian Medical Association Journal* 166, no.3 (2002): 326–330.

15. Dietz, H.P., and Simpson, J.M. "Levator Trauma Is Associated with Pelvic Organ Prolapse." *An International Journal of Obstetrics and Gynaecology* 115 (2008): 979–984.

16. Retrieved from https://americanpregnancy.org/healthy-pregnancy/labor-and -birth/second-stage-of-labor-897/.

17. Retrieved from https://www.royalberkshire.nhs.uk/patient-information-leaflets /Maternity/Maternity---shoulder-dystocia.htm.

18. Caldwell, W.E., and Moloy, H.C. "Anatomical Variations in the Female Pelvis: Their Classification and Obstetrical Significance." *Proceedings of the Royal Society of Medicine* 32, no.1 (1938): 1–30.

19. Betti, L., and Manica, A. "Human Variation in the Shape of the Birth Canal Is Significant and Geographically Structured." *Proceedings of the Royal Society B* 285 (2018): 20181807. doi: 0.1098/rspb.2018.1807.

20. Retrieved from https://www.theguardian.com/science/2018/oct/24/focus-on -western-women-skewed-our-ideas-of-what-birth-should-look-like.

21. Jing, D., Lien, K., Ashton-Miller, J.A., et al. "Visco-hyperelastic Properties of the Pelvic Floor Muscles in Healthy Women." *Proceedings of the North American Congress on Biomechanics*, Ann Arbor, Michigan, US: http://ww.asbweb.org /conferences/2008/abstracts/562.pdf.

22. Yan X., Kruger, J.A., Nielsen P.M.F., et al. "Effects of Fetal Head Shape Variation on the Second Stage of Labour." *Journal of Biomechanics* 48 (2015): 1593–1599.

23. Yan, X., Kruger, J.A., Li, X., et al. "Modeling the Second Stage of Labour." *WIREs Systems Biology and Medicine* 8 (2016): 506–516.

24. Noel, A., Guo, H., Mandica M., et al. "Frogs Use a Viscoelastic Tongue and Non-Newtonian Saliva to Catch Prey." *Journal of the Royal Society Interface* 14 (2017) 0160764. doi:10.1098/rsif.2016.0764.

25. Lehn, A.M., Baumer, A., Leftwich, M.C. "An Experimental Approach to a Simplified Model of Human Birth." *Journal of Biomechanics* 49 (2016): 2313–2317.

26. Golay, J., Vedam, S., and Sorger, L. "The Squatting Position for the Second Stage of Labor: Effects on Labor and on Maternal and Fetal Well Being." *Birth* 20 (1993): 73–78.

27. Varney, H., Kriebs, J.M., and Gegor, C.L. *Varney's Midwifery*, Jones and Bartlett Publishers (2004), Sudbury, MA.

第二个插曲

1. Krafchik, B. "History of Diaper and Diapering." *International Journal of Dermatology* 55 (2016): 4–6.
2. Dyer, D. "Seven Decades of Disposable Diapers: A Record of Continuous Innovation and Expanding Benefit." European Disposables and Nonwovens Association. Brussels, Belgium (2005).
3. Retrieved from https://www.businesswire.com/news/home/20211203005510/en /Global-Baby-Diapers-Market-Report-2021-Market-is-Expected-to-Reach-65.50 -Billion-in-2025-at-a-CAGR-of-6.8.
4. Retrieved from https://baby.lovetoknow.com/baby-care/how-many-diapers-does -baby-use-year.
5. Retrieved from https://bbia.org.uk/wp-content/uploads/2020/11/A-Circular -Economy-for-Nappies-final-oct-2020.pdf.
6. Retrieved from https://wrap.org.uk/resources/guide/waste-prevention-activities /real-nappies/overview.
7. "Advances in Technical Nonwovens." Edited by George Kellie (2016). Woodhead Publishing.
8. "An Updated Lifecycle Assessment for Disposable and Reusable Nappies." Environment Agency. Bristol, UK (2008).
9. Berners-Lee, M. *How Bad Are Bananas? The Carbon Footprint of Everything*. Profile Books (2020), London.
10. Retrieved from http://www.madsci.org/posts/archives/1999-03/921040790.Ch .r.html.
11. Shramko, A., Shramko, A., and Shramko, A. "Which Diaper Is More Absorbent, Huggies or Pampers?" *Journal of Emerging Investigators* (2013): https://www .emerginginvestigators.org/articles/which-diaper-is-more-absorbent-huggies-or -pampers.
12. Sen, P., Kantareddy, S.N.R., Bhattacharyya, R., et al. "Low-Cost Diaper Wetness Detection Using Hydrogel-Based RFID Tags." *IEEE Sensors Journal* 20, no.6 (2020): 3293–3302.
13. Retrieved from https://patents.google.com/patent/US10034582B2/en.

第8章

1. Yildirim, D., Ozyurek, S.E., Ekiz, A., et al. "Comparison of Active vs. Expectant Management of the Third Stage of Labor in Women with Low Risk of Postpartum Hemorrhage: A Randomized Controlled Trial." *Ginekologia Polska* 87, no.5 (2016): 399–404.
2. Liu, X., Ouyang, J.F., Rossello, F.J., et al. "Reprogramming Roadmap Reveals Route to Human Induced Trophoblast Stem Cells." *Nature* 586 (2020): 101–107.

3. James, J.L., Chamley, L.W., and Clark, A.R. "Feeding Your Baby in Utero: How the Uteroplacental Circulation Impacts Pregnancy." *Physiology* 32 (2017): 234–245.

4. Romo, A., Carceller, R., and Tobajas, J. "Intrauterine Growth Retardation (IUGR): Epidemiology and Etiology." *Pediatric Endocrinology Reviews* 6, supplement 3 (2009): 332–336.

5. Hamilton, W.J., and Boyd, J.D. "Trophoblast in Human Utero-Placental Arteries." *Nature* 212 (1966): 906–908.

6. James, J.L., Saghain, R., Perwick, R., et al. "Trophoblast Plugs: Impact on Utero-Placental Haemodynamics and Spiral Artery Remodelling." *Human Reproduction* 33, no.8 (2018): 1430–1441.

7. Hustin, J., and Schaaps J.P. "Echocardiographic and Anatomic Studies of the Maternotrophoblastic Border During the First Trimester of Pregnancy." *American Journal of Obstetrics and Gynecology* 157 (1987): 162–168.

8. Saghian, R., Bogle, G., James, J.L., et al. "Establishment of Maternal Blood Supply to the Placenta: Insights into Plugging, Unplugging and Trophoblast Behaviour from the Agent-Based Model." *Interface Focus* 9 (2019): 20190019.

9. Allerkamp, H.H., Clark, A.R., Lee, T.C., et al. "Something Old, Something New: Digital Quantification of Uterine Vascular Remodelling and Trophoblast Plugging in Historical Collections Provides New Insight into Adaptation of the Utero-Placental Circulation." *Human Reproduction* 36, no.3 (2021): 571–586.

10. Assali, N.S., Douglass, R.A., Baird, W.W., et al. "Measurement of the Uterine Blood Flow and Uterine Metabolism. IV. Results in Normal Pregnancy." *American Journal of Obstetrics and Gynecology* 66 (1953): 248–253.

11. Plitman Mayo, R., Charnock-Jones, D.S., Burton, G.J., et al. "Three-Dimensional Modeling of the Human Placental Terminal Villi." *Placenta* 43 (2016): 54–60.

12. Jensen, O.E., and Chernyavsky, I.L. "Blood Flow and Transport in the Human Placenta." *Annuals Review of Fluid Mechanics* 51 (2019): 25–47.

13. Inger, G.R. "Scaling Nonequilibrium-Reacting Flows: the Legacy of Gerhard Damköhler." *Journal of Spacecraft and Rockets* 38 (2001): 185.

14. Erlich, A., Pearce, P., Plitman Mayo, R., et al. "Physical and Geometric Determinants of Transport in Fetoplacental Microvascular Networks." *Science Advances* 5 (2019): eaav6326.

15. Carter, A.M. "Animal Models of Human Placentation—A Review." *Placenta* 28 (2007): S41–S47.

16. Dellschaft, N.S., Hutchinson, G., Shah, S., et al. "The Haemodynamics of the Human Placenta in Utero." *PLoS Biology* 18, no.5 (2020): e3000676.

17. Stillbirth Collaborative Research Network. "Causes of Death Among Stillbirths" *Journal of the American Medical Association* 306 (2011):2459–2468.

18. Retrieved from https://www.marchofdimes.org/complications/placental-abruption.aspx.

19. Partridge, E.A., Davey, M.G., Hornick, M.A., et al. "An Extra-uterine System to Physiologically Support the Extreme Premature Lamb." *Nature Communications* 8 (2017): 15112.

20. Costeloe, K.L., Hennessy, E.M., Haider, S., et al. "Short Term Outcomes After Extreme Preterm Birth in England: Comparison of Two Birth Cohorts in 1995 and 2006." *British Medical Journal* 345 (2012): e7976.

21. Retrieved from https://www.bpas.org/get-involved/campaigns/briefings/premature -babies/.

22. Bové, H., Bongaerts, E., Slenders, E., et al. "Ambient Black Carbon Particles Reach the Fetal Side of the Human Placenta." *Nature Communications* 10 (2019): 3866.

23. Ragusa, A., Svelato, A., Santacroce, C., et al. "Plasticenta: First Evidence of Micro-plastics in Human Placenta." *Environment International* (2021): https://doi.org/10 .1016/j.envint.2020.106274.

第 9 章

1. Levington, S. "For John and Jackie Kennedy, the Death of a Son May Have Brought Them Closer." *Washington Post* (2013): https://www.washingtonpost.com /opinions/for-john-and-jackie-kennedy-the-death-of-a-son-may-have-brought -them-closer/2013/10/24/2506051e-369b-11e3-ae46-e4248e75c8ea_story.html.

2. Wrobel, S., and Clements, J.A. "Bubbles, Babies and Biology: The Story of Surfac-tant." *Federation of American Societies of Experimental Biology* 18 (2004): 1624e. doi:10.1096/fj.04-2077bkt.

3. Singhal, N., Lockyer, J., Fidler, H., et al. "Helping Babies Breath: A Global Neona-tal Resuscitation Program Development and Formative Educational Evaluation." *Resuscitation* 83, no.1 (2012): 90–96.

4. Blank, D.A., Gaertner, V.D., Kamlin, C.O.F., et al. "Respiratory Changes in Term Infants Immediately After Birth." *Resuscitation* 130 (2018): 105–110.

5. "Kennedys Mourning Baby Son; Funeral Today Will Be Private." *New York Times*, August 10, 1963, Page 1.

6. Robinson, A. *The Last Man Who Knew Everything.* (2006), PiPress, ISBN 1851684948.

7. Young, T. "III. An Essay on the Cohesion of Fluids." *Philosophical Transactions of the Royal Society* 95 (1805): 65–87.

8. Laplace, P.S. Supplement to the 10th edition of *Mécanique Céleste* (Paris, France: Courcier, 1806).

9. von Neergaard, K. "Neue auffassungen uber einen grundbegriff der atem-mechanik.Die retraktionskraft der lunge, abhangig von der oberflachenspannung in denalveolen." *Zeitschrift für die Gesamt Experimentelle Medizine* 66 (1929): 373–394.

10. Pattle, R.E. "Properties, Function and Origin of the Alveolar Lining Layer." *Nature* 175 (1955): 1125–1126.

11. Pattle, R.E. "Properties, Function and Origin of the Alveolar Lining Layer." *Proceedings of the Royal Society B: Biological Sciences* 148 (1958): 217–240.

12. Clements, J.A. "Dependence of Pressure-Volume Characteristics of Lungs on Intrinsic Surface-Active Material." *American Journal of Physiology* 187 (1956): 592.

13. Avery, M.E., and Mead, J. "Surface Properties in Relation to Atelectasis and Hyaline Membrane." *American Journal of Disease in Children* 97 (1959): 517–523.

14. Chakraborty, M., and Kotecha, S. "Pulmonary Surfactant in Newborn Infants and Children." *Breathe* 9, no.6 (2013): 477–488.

15. Nkadi, P.O., Allen Merritt, T., and Pillers, D-A.M. "An Overview of Pulmonary Surfactant in the Neonate: Genetics, Metabolism and the Role of Surfactant in Health and Disease." *Molecular Genetics and Metabolism* 97, no.2 (2009): 95–101.

16. Gregory G.A., Kitterman, J.A., Phibbs, R.H., *et al.* "Treatment of the Idiopathic Respiratory-Distress Syndrome with Continuous Positive Airway Pressure." *New England Journal of Medicine* 284 (1971):1333–1340.

17. Fujiwara, T., Chida, S., Watabe, Y., et al. "Artificial Surfactant Therapy in Hyaline-membrane Disease." *The Lancet* 315 (1980): 55–59.

18. Halliday, H.L. "Surfactants: Past, Present and Future." *Journal of Perinatology* 28 (2008): S47–S56.

19. Shaffer, T.H., Wolfson, M.R., and Greenspan, J.S. "Liquid Ventilation: Current Status." *Pediatrics in Review* 20, no 12 (1999): e134–e142.

20. Filoche, M., Tai, C-F., and Grotberg, J.B. "Three-Dimensional Model of Surfactant Replacement Therapy." *Proceedings of National Academies of Science* 112, no.3 (2015): 9287–9292.

21. Kazemi, A., Louis, B., Isabey, D., et al. "Surfactant Delivery in Rat Lungs: Comparing 3D Geometrical Simulation Model with Experimental Instillation." *PLoS Computational Biology* 15, no.10 (2019): e1007408.

22. Copploe, A., Vatani, M., Choi, J-W., et al. "A Three-Dimensional Model of Human Lung Airway Tree to Study Therapeutics Delivery in the Lungs." *Annals of Biomedical Engineering* 47 (2019): 1435–1445.

23. Dabaghi, M., Rochow, N., Saraei, N., et al. "A Pumpless Microfluidic Neonatal Lung Assist Device for Support of Preterm Neonates in Respiratory Distress." *Advanced Science* 21, no.7 (2020): 2001860.

24. Blank, D.A., Rogerson, S.R., Kamlin, C.O.F., et al. "Lung Ultrasound During the Initiation of Breathing in Healthy Term and Late Preterm Infants Immediately After Birth, a Prospective, Observational Study." *Resuscitation* 114 (2017): 59–64.

第 10 章

1. Wolke, D., Bilgin, A., and Samara, M. "Systematic Review and Meta-analysis: Fussing and Crying Durations and Prevalence of Colic in Infants." *Journal of Pediatrics* 185 (2017): 55–61.e4.

2. Lingle, S., and Riede, T. "Deer Mothers Are Sensitive to Infant Distress Vocalizations of Diverse Mammalian Species." *American Naturalist* 184 (2014): 510–522.

3. Marlin, B.J., Mitre, M., D'amour, J.A., et al. "Oxytocin Enables Maternal Behaviour by Balancing Cortical Inhibition." *Nature* 52 (2015): 499–504.

4. Hernandez-Miranda, L.R., Ruffault, P-L., Bouvier, J.C., et al, "Genetic Identification of a Hindbrain Nucleus Essential for Innate Vocalization." *Proceedings of the National Academy of Sciences* 114 (2017): 8095–8100.

5. Bornstein, M.H., Putnick, D.L., Rigo, P., et al. "Neurobiology of Culturally Common Maternal Responses to Infant Cry." *Proceedings of the National Academy of Sciences* 114 (2017): E9465–E9473.
6. De Pisapia, N., Bornstein, M.H., Rigo, P., et al. "Gender Differences in Directional Brain Responses to Infant Hunger Cries." *Neuroreport* 24 (2013): 142–146.
7. Klemuk, S.A., Riede, T., Walsh, E.J., et al. "Adapted to Roar: Functional Morphology of Tiger and Lion Vocal Folds." *PLoS One* 6, no.11 (2011): e27029.
8. May, R.M. "Simple Mathematics Models with Very Complicated Dynamics." *Nature* 261 (1976):459–467.
9. For a review, see: Tecumseh Fitch, W., Neubauer, J., and Herzel. H. "Calls Out of Chaos: The Adaptive Significance of Nonlinear Phenomena in Mammalian Vocal Production." *Animal Behaviour* 63 (2002): 407–418.
10. Mende, W., Herzel, H., and Wermke, K. "Bifurications and Chaos in Newborn Infant Cries." *Physics Letters A* 145 (1990): 418.
11. Robb, M. "Bifucations and Chaos in the Cries of Full-Term and Preterm Infants." *Folia Phoniatr Logop* 55 (2003): 233–240.
12. Fuamenya, N.A., Robb, M., and Wermke, K. "Noisy but Effective: Crying Across the First 3 Months." *Journal of Voice* 29 (2015): 281.
13. Blumstein, D.T., Bryant, G.A., and Kaye, P. "The Sound of Arousal in Music Is Context-Dependent." *Biology Letters* 8 (2012): 744–747.

第 11 章

1. Fredeen, R.C. "Cup Feeding of Newborn Infants." *Pediatrics* 2, no.5 (1948): 544–548.
2. Retrieved from https://www.who.int/news/item/15-01-2011-exclusive-breastfeeding-for-six-months-best-for-babies-everywhere.
3. Victoria, C.G., Bahl, R., Barros, A.J.D., et al. "Breastfeeding in the 21st Century: Epidemiology, Mechanisms, and Lifelong Effect." *The Lancet* 387 (2016): 475–490.
4. Retrieved from https://www.nih.gov/news-events/nih-research-matters/breast feeding-may-help-prevent-type-2-diabetes-after-gestational-diabetes.
5. Boss, M., Gardner, H., and Hartmann, P. "Normal Human Lactation: Closing the Gap." *F1000Research* 7 (2018): F1000 Faculty-Rev-801.
6. Kent, J.C., Mitoulas, L.R., Cregan, M.D., et al. "Volume and Frequency of Breast-feeding and Fat Content of Breast Milk Throughout the Day." *Pediatrics* 117 (2006): e387–e395.
7. Kent, J.C., Gardner, H., and Geddes, D.T. "Breastmilk Production in the First 4 Weeks After Birth of Term Infants." *Nutrients* 8 (2016): 756.
8. Martin, C.R., Ling, P-R., and Blackburn, G.L. "Review of Infant Feeding: Key Features of Breast Milk and Infant Formula." *Nutrients* 8 (2016): 279. doi:10.3390/nu8050279.
9. Mortazavi, S.N., Geddes, D.T., and Hassanipour, F. "Lactation in the Human Breast from a Fluid Dynamics Point of View." *Journal of Biomechanical Engineering* 139 (2017): 011009.

10. Wiciński, M., Sawicka, E., Gębalski, J., et al. "Human Milk Oligosaccharides: Health Benefits, Potential Applications in Infant Formulas, and Pharmacology." *Nutrients* 12 (2020): 266. doi:10.3390/nu12010266.

11. Newburg, D.S., Ruiz-Palacios, G.M., and Morrow, A.L. "Human Milk Glycans Protect Infants Against Enteric Pathogens." *Annual Review of Nutrition* 25 (2005): 37–58.

12. Ribo, S., Sanchez-Infantes, D., Martinex-Guino, L., et al. "Increasing Breast Milk Betaine Modulates *Akkermansia* Abundance in Mammalian Neonates and Improves Long-Term Metabolic Health." *Science Translational Medicine* 13 (2021): eabb0322.

13. Wagner, E.A., Chantry, C.J., Dewey, K.G., et al. "Breastfeeding Concerns at 3 and 7 Days Postpartum and Feeding Status at 2 Months." *Pediatrics* 132, no.4 (2013): e865–e875.

14. Garner, C.D., Ratcliff, S.L., Thornburg, L.L., et al. "Discontinuity of Breastfeeding Care: There's No Captain of the Ship." *Breastfeeding Medicine* 11, no.1 (2016): 32–39.

15. "Breastfeeding and Breast Milk—from Biochemistry to Impact." Georg Thieme Verlag (2018) Stuttgart.

16. Cooper, A.P. "On the Anatomy of the Breast." Longman (1840): https://jdc.jefferson.edu/cooper/.

17. Basch, K. "Beiträge zur Kenntniss des menschlichen Milchapparats." *Archiv für Gynäkologie* 44 (1893):15–54.

18. Kron, R.E., and Litt, M. "Fluid Mechanics of Nutritive Sucking Behaviour: The Suckling of Infant's Oral Apparatus Analysed as a Hydraulic Pump." *Medical & Biological Engineering* 9 (1971): 45–60.

19. Von Pfaundler, M. "Über Saugen and Verdauen." *Ver Ges Kinderheil* 16 (1899): 38–53.

20. Hytten, F.E. "Observation on the Vitality of the Newborn." *Archives of Disease in Childhood* 26 (1951): 477–486.

21. Ardran, G.M., Kemp, F.H., and Lind, J. "A Cineradiographic Study of Breast Feeding." *British Journal of Radiology* 31 (1958): 156–162.

22. Woolridge, M.W. "The 'Anatomy' of Infant Sucking." *Midwifery* 2 (1986): 164–171.

23. Eishima, K. "The Analysis of Sucking Behaviour in Newborn Infants." *Early Human Development* 27 (1991): 163–173.

24. Smith, W.L., Erenber, A., Nowak, A., et al. "Physiology of Sucking in the Normal Term Infant Using Real-Time US." *Radiology* 156 (1985): 379–381.

25. Smith, W.L., Erenberg, A., and Nowak, A. "Imaging Evaluation of the Human Nipple During Breast-Feeding." *American Journal of Diseases of Children* 142 (1988): 76–78.

26. Geddes, D.T., Kent, J.C., Mitoulas, L.R., et al. "Tongue Movement and Intra-oral Vacuum in Breastfeeding Infants." *Early Human Development* 84 (2008): 471–477.

27. Sakalidis, V.S., Williams, T.M., Garbin, C.P., et al. "Ultrasound Imaging of Infant Sucking Dynamics During the Establishment of Lactation. "*Journal of Human Lactation* 29, no.2 (2013): 205–213.

28. O'Shea, J.E., Foster, J.P., O'Donnell, C.P.F., et al. "Frenotomy for Tongue-Tie in Newborn Infants." *Cochrane Database of Systematic Reviews* Issue 3 (2017): CD011065.
29. Elad, D., Kozlovsky, P., Blum, O., et al. "Biomechanics of Milk Extraction During Breast-Feeding." *Proceedings of the National Academy of Sciences* 111 (2014): 5230–5235.
30. Bu'Lock, F., Woolridge, M.W., and Baun, J.D. "Development of Co-ordination of Sucking, Swallowing and Breathing: Ultrasound Study of Term and Preterm Infants." *Developmental Medicine and Child Neurology* 32 (1990): 669–678.
31. Monaci, G., and Woolridge, M. "Ultrasound Video Analysis for Understanding Infant Breastfeeding." *Proceedings of the 18th IEEE International Conference on Image Processing* (2011): 1765–1768. doi: 10.1109/ICIP.2011.6115802.
32. Genna, C.W., Saperstein, Y., Siegal, S.A., et al. "Quantitative Imaging of Tongue Kinematics During Infant Feeding and Adult Swallowing Reveals Highly Conserved Patterns." *Physiological Reports* 9 no.3 (2021): ee14685.

第三个插曲

1. Obladen M. "Guttus, Tiralatte and Téterelle: A History of Breast Pumps." *Journal of Perinatal Medicine* 40, no.6 (2012): 669–675.
2. Retrieved from https://makethebreastpumpnotsuck.com/.
3. Kent, J.C., Mitoulas, L.R., Cregan, M.D., et al. "Importance of Vacuum for Breast-milk Expression." *Breastfeeding Medicine* 3, no.1 (2008): 11–19.
4. Dunne, J.B., Rebay-Salisbury, K., Salisbury, K.R., et al. "Milk of Ruminants in Ceramic Baby Bottles from Prehistoric Child Graves." *Nature* 574 (2019): 246–248.
5. Stevens, E.E., Patrick, T. E., Pickler, R. "A History of Infant Feeding." *Journal of Perinatal Education* 18, no.2 (2009): 32–39.
6. Radbill, S. X "Infant Feeding Through the Ages." *Clinical Pediatrics* 20, no.10 (1981): 613–621.
7. Wickes, I.G. "A History of Infant Feeding. Part I. Primitive Peoples: Ancient Works: Renaissance Writers." *Archives of Disease in Childhood* 28 (1953): 232–240.
8. Wickes, I.G. "A History of Infant Feeding. Part III: Eighteenth and Nineteenth Century Writers." *Archives of Disease in Childhood* 28 (1953): 332340.
9. Weinberg, F. "Infant Feeding Through the Ages." *Canadian Family Physician* 39 (1993): 2016–2020.
10. Wickes, I.G. "A History of Infant Feeding. Part IV: Nineteenth Century Continued." *Archives of Disease in Childhood* 28 (1953): 416–422.

第 12 章

1. Iglowstein, I., Jenni, O.G., Molinari, L., et al. "Sleep Duration from Infancy to Adolescence: Reference Values and Generational Trends." *Pediatrics* 111, no.2 (2003): 302–307.

2. Rivkees, S.A., Mayes, L., Jacobs, H., et al. "Rest-Activity Patterns of Premature Infants Regulated by Cycled Light." *Pediatrics* 113, no.4 (2004): 833–839.

3. Wielek, T., Del Giudice, R., Lang, A., et al. "On the Development of Sleep States in the First Weeks of Life." *PLoS ONE* 14, no.10 (2019): e0224521.

4. Grigg-Damberger, M.M. "The Visual Scoring of Sleep in Infants 0 to 2 Months of Age." *Journal of Clinical Sleep Medicine* 12, no.3 (2016): 429–445.

5. Cao, J., Herman, A.B., West, G.B., et al. "Unravelling Why We Sleep: Quantitative Analysis Reveals Abrupt Transition from Neural Reorganisation to Repair in Early Development." *Science Advances* 6 (2020): eaba0398.

6. Lo, C-C., Nunes Amaral, L.A., Havlin, S., et al. "Dynamics of Sleep-Wake Transitions During Sleep." *Europhysics Letters* 57, no 5 (2002): 626–631.

7. Lo, C-C., Chou, T., Penzel, T., et al. "Common Scale-Invariant Patterns of Sleep-Wake Transitions Across Mammalian Species." *Proceedings of the National Academies of Sciences* 101 (2004) 17545–17548.

8. Retrieved from https://safetosleep.nichd.nih.gov/safesleepbasics/risk/factors.

9. Retrieved from https://www.cdc.gov/sids/about/index.htm.

10. Task Force on Sudden Infant Death Syndrome. "The Changing Concept of Sudden Infant Death Syndrome: Diagnostic Coding Shifts, Controversies Regarding the Sleeping Environment, and New Variable to Consider in Reducing Risk." *Pediatrics* 116 (2005):1245–1255.

11. Saper, C. B., Scammell, T. E., and Lu, J. "Hypothalamic Regulation of Sleep and Circadian Rhythms." *Nature* 437 (2005): 1257–1263.

12. Dvir, H., Elbaz, I., Havlin, S., et al. "Neuronal Noise as an Origin of Sleep Arousals and Its Role in Sudden Infant Death Syndrome." *Science Advances* 4 (2018): eaar6277.

13. Steinmetz, P., Manwani, A., Kock, C., et al. "Subthreshold Voltage Noise Due to Channel Fluctuations in Active Neuronal Membranes." *Journal of Computational Neuroscience* 9 (2000): 133–148.

14. Wailoo, M.P., Petersen, S.A., Whittaker, H., et al. "Sleeping Body Temperatures in 3–4 Month Old Infants." *Archives of Disease in Childhood* 64 (1989): 596–599.

15. Whitehead, K., Pressler, R., and Fabrizi, L. "Characteristics and Clinical Significance of Delta Brushes in EEG of Premature Infants." *Clinical Neurophysiology Practice* 2 (2017): 12–18.

16. Johnson, J.B. "The Schottky Effect in Low-Frequency Circuits." *Physical Review* 26 (1925): 71–85.

17. Schottky, W. "Small-Shot Effect and Flicker Effect." *Physical Review* 28 (1926): 74–103.

18. Voss, R.F., and Clarke, J. "'1/f Noise' in Music and Speech." *Nature* 258 (1975): 317–318.

19. Xiao, R., Shida-Tokeshi, J., Vanderbilt, D.L., et al. "Electroencephalography Power and Coherence Changes with Age and Motor Skill Development Across the First Half Year of Life." *PLOS One* 13 (2018): e0190276.

20. Schaworonkow, N., and Voytek, B. "Longitudinal Changes in Aperiodic and Periodic Activity in Electrophysiological Recordings in the First Seven Months of Life." *Developmental Cognitive Neuroscience* 47 (2021): 100895.

21. Voytek, B., Kramer, M.A., Case, J., et al. "Age-Related Changes in 1/f Neural Electrophysiological Noise." *Journal of Neuroscience* 35 (2015): 13257–13265.
22. Demene, C., Baranger. J., Bernal, M., et al. "Functional Ultrasound Imaging of Brain Activity in Human Newborns." *Science Translational Medicine* 9 (2017): eaah6756.
23. Hill, R.M., Boto, E., Holmes, N., et al. "A Tool for Functional Brain Imaging with Lifespan Compliance." *Nature Communications* 10 (2019): 4785.

第 13 章

1. Adolph, K.E., Vereijken, B., and Denny, M.A. "Learning to Crawl." *Child Development* 69, no.5 (1998) 1299–1312.
2. Righetti, R., Nylén, A., Rosander, K., et al. "Kinematic and Gait Similarities Between Crawling Human Infants and Other Quadruped Mammals." *Frontiers in Neurology* 6 (2015) 1–17: https://doi.org/10.3389/fneur.2015.00017.
3. Zelazo, P.R. "The Development of Walking: New Findings and Old Assumptions." *Journal of Motor Behaviour* 15, no.2 (1983): 99–137.
4. Dominici, N., Ivanenko, Y.P., Cappellini, G., et al. "Locomotor Primitives in Newborn Babies and Their Development." *Science* 334 (2011): 997–999.
5. Sylos-Labini, F., La Scaleia, V., Cappellini, G., et al. "Distinct Locomotor Precursors in Newborn Babies." *Proceedings of the National Academies of Science* 117, no.17 (2020): 9604–9612.
6. Del Vecchio, A., Sylos-Labini, F., Mondi, V., et al. "Spinal Motoneurons of the Human Newborn Are Highly Synchronized During Leg Movements." *Science Advances* 6 (2020): eabc3916.
7. Barbu-Roth, M., Anderson, D.I., Desprès, A., et al. "Air Stepping in Response to Optic Flows That Move Toward and Away from the Neonate." *Developmental Psychobiology* 56, no.5 (2014): 1142–1149.
8. Forma, V., Anderson, D.I., Goffinet, F., et al. "Effect of Optic Flows on Newborn Crawling." *Developmental Psychobiology* 60, no.5 (2018): 497–510.
9. Forma, V., Anderson, D.I., Provasi, J., et al. "What Does Prone Skateboarding in the Newborn Tell Us About the Ontogeny of Human Locomotion?" *Child Development* 90, no.4 (2019): 1286–1302.
10. Hym, C., Forma, V., Anderson, D.I., et al. "Newborn Crawling and Rooting in Response to Maternal Breast Odor." *Developmental Science* (2020): https://doi.org/10.1111/desc.13061.
11. Alexander, R.M. "Optimization and Gaits in the Locomotion of Vertebrates." *Physiological Reviews* 69, no.4 (1989): 1199–1227.
12. Cavagna, G.A., Thys, H., and Zamboni, A. "The Sources of External Work in Level Walking and Running." *Journal of Physiology* 262 (1976): 639–657.
13. Cavagna, G.A., Franzetti, P., and Fuchimoto, T. "The Mechanics of Walking in Children." *Journal of Physiology* 343 (1983): 323–339.
14. Ivanenko, Y.P., Dominici, N., Cappellini, G., et al. "Developmental of Pendulum Mechanism and Kinematic Coordination from the First Unsupported Steps in Toddlers." *Journal of Experimental Biology* 2017 (2004): 3797–3810.

15. Ivanenko, Y.P., Dominici, N., and Lacquaniti, F., et al. "Development of Independent Walking in Toddlers." *Exercise and Sport Sciences Reviews* 35, no.2 (2007): 67–73.
16. Muir, G.D., Gosline, J.M., and Steeves, J.D. "Ontogeny of Bipedal Locomotion: Walking and Running in the Chick." *Journal of Physiology* 493 (1996): 589–601.
17. Ivanenko, Y.P., Dominici, N., Cappellini, G., et al. "Kinematics in Newly Walking Toddlers Does Not Depend Upon Postural Stability." *Journal of Neurophysiology* 94 (2004): 754–763.
18. Dominici, N., Ivanenko, Y.P., Cappellini, G., et al. "Kinematic Strategies in Newly Walking Toddlers Stepping Over Different Support Surfaces." *Journal of Neurophysiology* 103 (2010): 1673–1684.
19. Marencakova, J., Price, C., Maly, T., et al. "How Do Novice and Improver Walkers Move in Their Home Environments? An Open-Sourced Infant's Gait Video Analysis." *PLOS One* 14, no.6 (2019): e0218665.
20. Walle, E., and Campos, J. "Infant Language Development Is Related to the Acquisition of Walking." *Developmental Psychology* 50, no.2 (2014):336–348.

第四个插曲

1. Pendrill, A-M., and Williams, G. "Swings and Slides." *Physics Education* 40, no.6 (2005): 527–533.
2. Case, W.B., and Swanson, M.A. "The Pumping of a Swing from the Seated Position." *American Journal of Physics* 58 (1990): 463–467.
3. Roura, P., and González, J.A. "Towards a More Realistic Description of Swing Pumping Due to the Exchange of Angular Momentum." *European Journal of Physics* 31 (2010): 1195–1207.
4. Case, W.B. "The Pumping of a Swing from a Standing Position." *American Journal of Physics* 63 (1996): 215–220.
5. Wirkus, S., Rand, R., and Ruina, A. "How to Pump a Swing." *College Mathematics Journal* 29, no.4 (1998): 266–275.
6. Thompson, M., Barron, P., Chandler, C., et al. "Playground Fun Demonstrates Rotational Mechanics Concepts." *Physics Education* 45 (2010): 459–461.
7. Pendrill, A-M., and Eager, D. "Free Fall and Harmonic Oscillations: Analyzing Trampoline Jumps." *Physics Education* 50 (2015): 64–70.
8. Güémez, J., Fiolhais, C., and Fiolhais, M. "Toys in Physics Lectures and Demonstrations—a Brief Review." *Physics Education* 44 (2009): 53–64.

第 14 章

1. Ota, M., Davies-Jenkins, N., and Skarabela, B. "Why Choo-Choo Is Better Than Train: The Role of Register-Specific Words in Early Vocabulary Growth." *Cognitive Science* 42, no 6 (2019): 1974–1999.
2. Masapollo, M., Polka, L., and Menard, L. "When Infants Talk, Infants Listen: Pre-babbling Infants Prefer Listening to Speech with Infant Vocal Properties." *Developmental Science* 19, no. 2 (2015): 318–328.

3. Mampe, B., Friederici, A.D., Christophe, A., et al. "Newborns' Cry Melody Is Shaped by Their Native Language." *Current Biology* 19 (2009): P1994–1997.
4. Bergelson, E., and Aslin, R. "Nature and Origins of the Lexicon in 6-Mo-Olds." *Proceedings of the National Academies of Science* 114 (2017): 12916–12921.
5. Saffron, J.R. "Statistical Language Learning in Infancy." *Child Development Perspectives* 14 (2020): 49–54.
6. Wermke, K., Robb, M.P., and Schluter, P.J. "Melody Complexity of Infants' Cry and Non-cry Vocalisations Increases Across the First Six Months." *Scientific Reports* 11 (2021): 4137.
7. Skarabela, B., Ota, M., O'Connor, R., et al. "'Clap Your Hands' or 'Take Your Hands?' One-Year-Olds Distinguish Between Frequent and Infrequent Multiword Phrases." *Cognition* 211 (2021): 104612.
8. Schneider, R., Yorovsky, D., and Frank, M. "Large-Scale Investigations of Variability in Children's First Words." Proceedings of the 37th Annual Conference of the Cognitive Science Society (2015): 2210–2115: https://cogsci.mindmodeling.org /2015/papers/0364/index.html.
9. Retrieved from https://wordbank.stanford.edu/.
10. Retrieved from https://langcog.github.io/wordbank-book/items-consistency.html #the-first-10-words.
11. Fenson, L., Dale, P.S., and Reznick, J.S. "Variability in Early Communicative Development." Monographs of the Society for research in Child Development." 59, no.5 (1994): 1–173.
12. Roy, B.C., Frank, M.C., DeCamp, P., et al. "Predicting the Birth of a Spoken Word." *Proceedings of the National Academies of Sciences* 112, no.4 (2015): 12663–12668.
13. Acquired from: https://www.ethnologue.com/guides/how-many-languages.
14. Zipf, G.K. *Human Behavior and the Principle of Least Effort: An Introduction to Human Ecology.* Hafner reprint (1972), New York.
15. Yang, C., Crain, S., Berwick, R.C., et al. "The Growth of Language: Universal Grammar, Experience, and Principles of Computation." *Neuroscience and Biobehavioural Reviews* 81 (2017): 103–119.
16. Chomsky, N. "Three Models for the Description of Language," in *IRE Transactions on Information Theory*, vol. 2, no. 3 (1956): 113–124, doi: 10.1109/TIT .1956.1056813.
17. Hamburger, H., and Crain, S. "Acquisition of Cognitive Compiling." *Cognition* 17 (1984): 85–136.
18. De Giuli, E. "Random Language Model." *Physical Review Letters* 122 (2019): 128301.
19. Retrieved from https://childes.talkbank.org/.
20. Corominas-Murtra, B., Valverde, S., and Solé, R. "The Ontogeny of Scale-Free Syntax Networks: Phase Transitions in Early Language Acquisition." *Advances in Complex Systems* 12, no.3 (2009): 371–392.

后记

1. Retrieved from: https://www.theguardian.com/education/2018/aug/10/female -scientists-urge-research-grants-reform-tackle-gender-bias.